軽井沢探蝶物語

50年間119種の奇跡

栗岩竜雄
Kuriiwa Tatsuwo

さくら舎

はじめに

1974（昭和49）年4月、私は軽井沢町立《かるいざわちょうりつ》軽井沢東部《とうぶ》小学校4年次を迎え、新学期の訪れとともにクラブ活動への参加をうながされていた。いま思えばここで昆虫クラブに入ったことが、私にとって人生最初の転機であった。ここから、軽井沢のチョウたちとの日々が始まったのだ。

　捕虫網と三角ケース。昆虫少年にとっての二大アイテムを携え、チョウの採集にハマる。展翅板《てんしばん》と胴針《どうばり》、展翅針《てんしばり》は標本づくりの必需品。忘れちゃいけない図鑑と標本箱。どれが欠けてもクラブ活動は成立しなかった。これが私のベースになった。何しろ楽しかった。

　中学、高校、そして専門学校へと進学するにつれ、前述の二大アイテムは出番を減らしていき、やがて社会人になる。このままチョウへの熱はフェイドアウトするかに思われた頃、新たな局面を迎えた。カメラの購入だ。1987（昭和62）年2月。それが、「採集派」13年の歴史に終止符を打ち、「撮影派」へと転換する契機となった。

　じつは当初カメラを買った理由はチョウを写すためではなく、当時の仕事の都合だった。必要な写真素材を撮影後、1コマ余ったフィルムをどうしようか？と思いふと足元を見たら、ベニシジミがいた。チョウと接する知識と経験は充分ある。なんの深慮もなく1枚撮って、現像を待った。そして仕上がったプリントを見て、「これだっ！」と衝撃が走った。「自分のやりたいことはこれなのだ！」と直感した。

　しかし仕事に忙殺され、新たな写真を撮ることができない。たまに帰る実家で庭先のチョウと戯《たわむ》れ、溜飲を下げるしかなかった。活動拠点を軽井沢に戻したのは翌春のことだ。以降、チョウの撮影を続け、やがて「軽井沢にいるチョウを全種撮影したい」という夢を抱くようになった。

　本書でのチョウの掲載順は、私個人による撮影順である（掲載写真は必ずしも最初に撮影したものではない）。したがって、はじめのほうに並ぶチョウは、概してなんの労もなく撮れてしまったものが多い。いま思えばこれは、昭和の頃からの「見つけやすいチョウのランキング」であり、令和のいま、もう一度はじめからやり直せと言われたら、順番は相当入れかわるだろう。もはや撮れないチョウもいる。
たるんだ時期あり、猛烈に励んだ時期あり、振り返れば平坦な道ではなかった。50年を要して、たった1行分の事実が得られた、というようなものもある。ここで撮影を終わりとするわけではないのだが、「採集派」「撮影派」、あわせて50年という節目に、軽井沢での探蝶記としてまとめておきたい。

2024年3月
栗岩　竜雄

愛用のカメラ（当時）
'15.4.30

著者。数少ない自撮り写真。風景写真もたしなむ。群馬県方面からのご来光。'23.1.5

目次◆軽井沢探蝶物語

〔化粧扉写真〕
アゲハ '16・4・14
〔目次写真〕
3ページ：オオムラサキ、ミヤマカラスアゲハ、
アカタテハ '20・9・5
4～5ページ：浅間山方面の夕景 '15・12・9
6ページ：ヒメシジミ '22・7・21

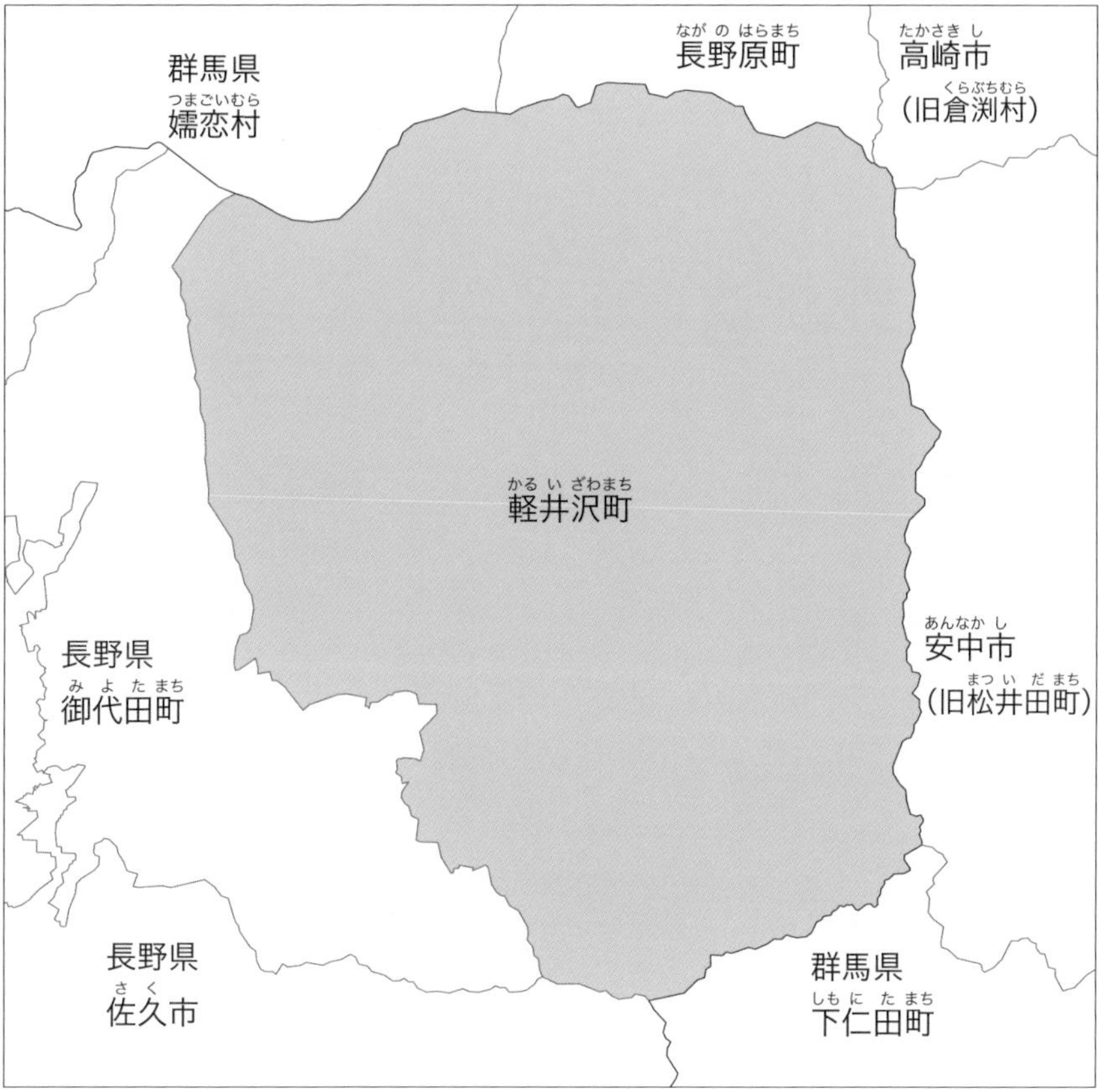

Map-It マップイット (c)

本書の写真の撮影場所

軽井沢町は長野県の東端、群馬県との境に位置し、面積はおよそ156㎢、日本有数の活火山、浅間《あさま》山《やま》の南麓に広がる標高1000m前後の保健休養地である。

周囲を7つの市町村に囲まれ、通称で「○○軽井沢」と呼ばれる地域もあり、「軽井沢」という名前は広範なエリアを示す名称だが、本書では場所を正確に定義するため、厳密に軽井沢町(地図上での市町村境の内側)を「町内」とし、それ以外は「町外」とした。本書の写真は2ページの著者の自撮りシーンを除き、すべてこの軽井沢町内で撮影したものである。

チョウの体について

チョウの体はほかの昆虫同様、頭部、胸部、腹部の3つのパーツからなる。頭部には触角《しょっかく》や複眼《ふくがん》、口吻《こうふん》といった器官が集中。最大の特徴である4枚の翅《はね》と6本の脚は胸部にある。呼吸は腹部でする。

翅を開いたときに見える面を表面《おもてめん》、翅を閉じたときに見える面を裏面《うらめん》という。それぞれ翅表《しひょう》、翅裏《しり》ということもある。翅を開くことを開翅《かいし》、閉じることを閉翅《へいし》と表現する。

開張《かいちょう》：左右の前翅《ぜんし》を水平に開いた状態の両先端までの長さ。

前翅長《ぜんしちょう》：前翅基部から先端までの長さ。近年では開張より前翅長で示すことが多くなった。

翅脈《しみゃく》：チョウの翅を支える骨組みのようなもの。前翅の場合、底辺（下）から順に第1脈、第2脈と数える。翅脈と翅脈の間を翅室《しつ》といい、これも下から順に第1室、第2室と数える。後翅《こうし》の場合、内側（腹部側）から第1脈、第

2脈と数える。翅室も同じ。アゲハチョウ科では後翅の第4脈が突出して長く、尾状突起《びじょうとっき》と呼ばれる。

鱗粉《りんぷん》：翅を覆う粉。雨などの水をはじく機能がある。

脚：昆虫なので脚は6本だが、タテハチョウ科では前脚が短く退化し（↓53ページ、写真中アカタテハ横顔）、一見4本脚に見えてしまう。

気門《きもん》：腹部側面に並ぶ穴で、呼吸を行なうところ。

触角：においを感知する器官。

複眼：個眼《こがん》が複数集まった眼。

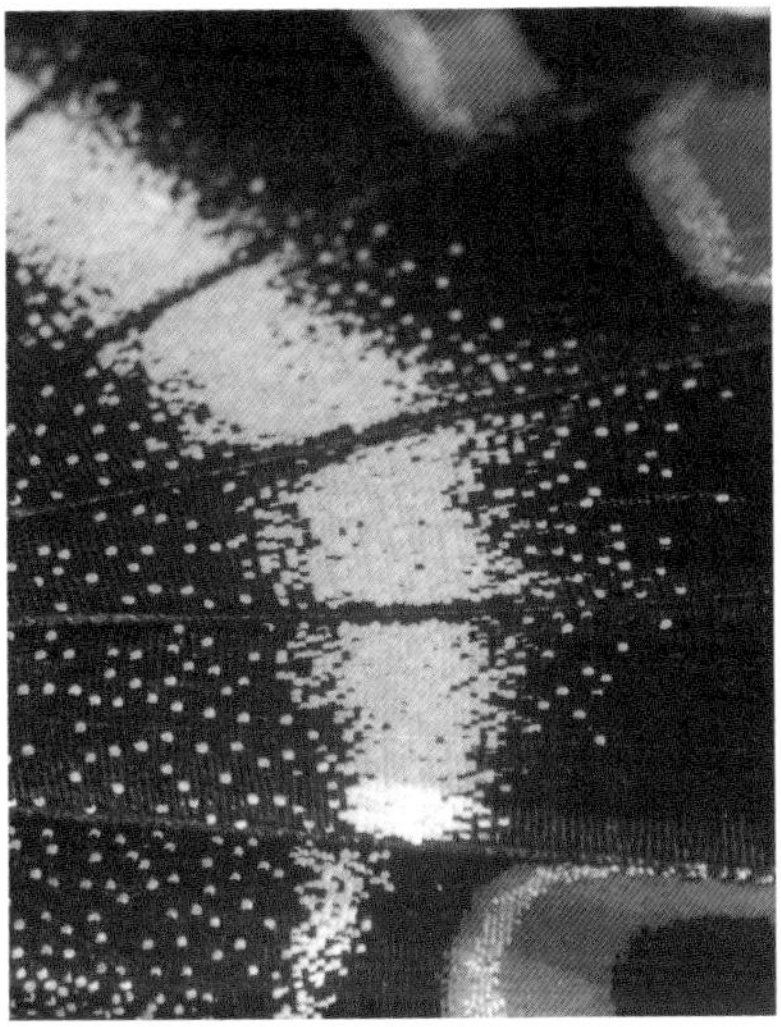

上：翅を覆う鱗粉。ミヤマカラスアゲハ春型。'15.6.2
下：オナガアゲハ春型。'02.6.3
右ページ：ウスバシロチョウ（ウスバアゲハ）。'19.7.6

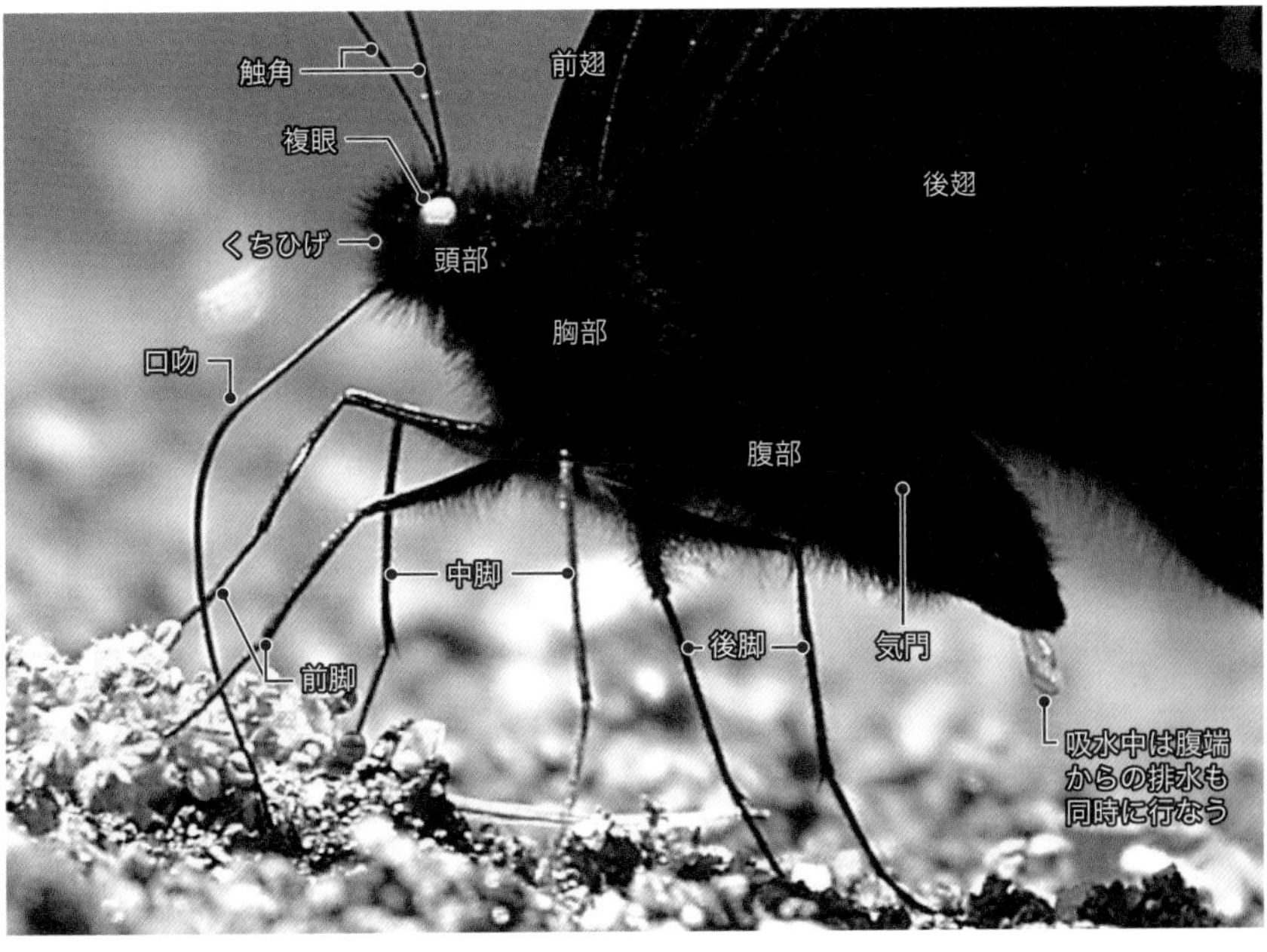

ギンボシヒョウモン

1987年6月8日

　さかのぼれば軽井沢での記念すべきファーストショットはギンボシヒョウモンだったのだが、そのときのことはよく憶えていない。いてあたりまえの存在で、実家の庭で、ほぼ無意識に撮っただけ。それで充分満足だった。チョウに惹かれ、捕虫網という相棒がカメラにかわったことは人生の転換点のひとつだが、少なくとも軽井沢のチョウを全種撮影しよう！　などという大それた発想は、当時はまったくもって頭の片隅にもなかった。

　このチョウ、かつては身近に多産し、ウラギンヒョウモン（→23ページ）と相当数で混生。見た目が似ていて、小学4年生時に昆虫クラブへ入部するまで、別種だとは考えもせず。捕まえては虫カゴに入れ、衰弱させておしまいだった。それがいまではどうだろう？

　気づけば見かけないチョウになってしまった。いるところにはいるのだが、標高1000m以上、入山者の少ない登山道や林道の、明るい開削部が生命線になっている。撮影難易度もだいぶ高くなった。

上：メス２匹。一画面に複数匹入れることも昔は容易だった。'98.8.8
左：アカツメクサで吸蜜するオス。'02.6.28

上：求愛飛翔。黄色いほうがオス。メスの視界に入るべく前方を維持して飛ぼうと頑張る。しばらくこの位置関係は崩れないが、交尾に至るケースは少ない。'20.6.12
左上：吸蜜。本書に掲載した写真のなかでもっとも撮影年月日が古い。'87.6.28
左下：産卵。マメ科を食草とする。'17.8.7

モンキチョウ　1987年6月8日

この50年、まったく衰亡の気配を感じさせず、多産種の座を守っている。私見として軽井沢の自然環境は悪化しつづけているが、次々とチョウが絶滅する（もしくは絶滅に向かっている）なかで、最後まで残る一種はモンキチョウではないか？　そんな感覚で見ている。

ゆえに撮影では練習台としても好適。求愛飛翔は絶好のチャンス！　オスはメスの視界に入るべく、前方をキープして飛ぶ。あたかもメスが後ろから追っているかの光景だ。後ろを見ながら飛ぶオスの、なんたる身体機能。どうやってメスの動きを察しているのか不思議だ。デジタルカメラが普及し、高速シャッターが遠慮なく使える当世、本種はいい遊び相手だ。

メスに限れば交尾拒否のポーズで翅を開くが、オスでは困難。かつてフィルムの大量消費に走った頃、大半は開翅の習性のないチョウに費やされた。

ヒメウラナミジャノメ　１９８７年6月8日

派手さはなく、大きくもない。どちらかといえば不気味な目玉模様。そして本種もまたなんらめずらしくもない多産種。チョウの撮影においては、早い段階で見向きもされなくなる不遇な印象は否めない。

しかし、ここで興味を失っては愛蝶家としての名が廃《すた》る。どんなに面倒でも、出会う個体は逐一チェック。眼状紋《がんじょうもん》が少ない異常型、交尾や産卵といった貴重な生態を見過ごさないためだ。

たとえば、ヘビの死骸からの吸汁シーンに遭遇したことがある。そもそも「ジャノメ」とは「蛇の目」のこと。そのチョウと本物のヘビとをコンビネーションで写せたら、たちまちひと味違う写真のできあがりだ。

ファーストショットこそピンボケ、単体、特筆すべき点のない撮り方だったが、いまではどうにか人様にお見せできるカットが増えてきた。

チョウは動物質の栄養も摂る。アオダイショウの死骸に飛来し、口吻を伸ばしている。'12.5.28

ヤマボウシでの吸蜜は、ほかのチョウも含めてあまり見かけない。'15.6.24

交尾のようす。多産種ながら、交尾シーンはなかなか撮れない。'09.7.29

デジカメでチョウを撮りはじめた最初の年の1コマ。フィルムより扱いやすいが、酷使してすぐ壊れた。'02.5.8

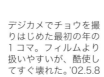

ジャノメチョウ

1987年8月16日

子どもの頃、はじめて採集したジャノメチョウは交尾中のカップルだった。

「これはお腹のつながった異常型だ」

卵→幼虫→蛹《さなぎ》→成虫。これらのトランスフォームをどうやってクリアしたのか、謎だった。

小学生がのっけからこんな経験をするほど、本種は交尾シーンの撮りやすさ上位のチョウである。それだけ安定した状態にあることから、逆に撮影対象として軽視されがち……ともいえるだろう。だからだろうか、単体でポツリと写すより、何か違うエッセンスが絡まないと撮る気が高ぶらない。樹液に群れる集団はどうだろう？　トンボなどの天敵に喰われているオス、羽化不全の個体や、誤求愛されるメス。ふだん見られない姿をとらえるにつれ、多産種のありがたさを教えてもらった。

シオカラトンボに捕食されるオス。自然界は天敵の多い世界だ。'05.8.15

チダケサシでの吸蜜。下にいるのはベニシジミ。'16・7・24

コツバメ　1988年6月7日

ここから撮影行は2年目に入る。それでもまだ昭和のことだ。私のカメラいじりのキャリアはまだ短いが、採集派だった13年間を鑑みれば、コツバメが春だけのチョウということは承知していた。

小粒で地味で素早い！　だが接写はそれほど難しくない。言わずもがな、ピーク時には多産するからだ。オスどうしはけっこう激しいナワバリ争いをくり広げる。目の前の枯れススキに止まってたかと思うと、何者かが近くへ飛来した瞬間、きわめて俊敏に羽ばたいて追い払う。勝てばもとの場所に戻り、領空を見張る。

この習性は撮影者にとって好都合である。本種も静止時には開翅しないから、翅表を撮るには飛翔中を狙うしかないからだ。わざと驚かせて飛ばし、このあたりに入ると見込んでのフレーミングと高速シャッターで勝手に参戦！　しかし飛ぶ場所はわかっていても、この方法で36枚撮りフィルムを何本無駄にしたことか……。その経験を積んで、デジカメでの撮り直しを進めているが、ピントを合わせるのは難しい。

ナワバリを見張るオス。領空侵犯する他個体が入るとただちにスクランブル。'17.5.19

ナワバリを飛び立つオス。きわめて素早い。'16.5.6

右：裏面の帯が名の由来。'02.5.15
左：翅表は黒一色。'16.6.12

ギンイチモンジセセリ　1988年6月9日

春半ばから初夏までのチョウ。セセリチョウ科にしては細身で、近似する他種はない。軽井沢においては広く各所に分布しており、ススキの原っぱなら、ちょっとした空き地でもチラチラ飛びかう。スピード感はなく、高く飛揚することもない。撮影順でもこの位置にいることは、写しやすいチョウだと理解いただけるだろう。

閉翅すると、その名のとおり銀一文字の帯が明瞭。開翅すれば黒一色。まずは翅裏を押さえ、次いで翅表となるわけだが、そこそこの根気があれば難しい相手ではない。たまに交尾や産卵といったシーンにも遭遇し、写真資料に厚みをもたらしてくれるうれしい存在だ。

そんなギンイチモンジセセリだったが、近年ずいぶん少なくなった。食草ススキを擁する草原が減少してきたせいだろう。

コラム　オス・メスはどう違う?

チョウにもオスとメスがあるが、同種の場合、一般的には模様はほぼ同じだ。ただ、部分的に異なっていて、ピンポイントでそこを見れば雌雄の違いがわかる。すべての種に共通した区別点はないので、1種類ずつ個別に覚えていくしかない。雌雄で共通点が一切ない、まるで別種のようなメスグロヒョウモン（→41ページ）や、逆にどこを見てもまったく同じヒオドシチョウ（→92ページ）など、一概にいえないところがもどかしい。

外見に頼らず、行動にも違いがあると知っていれば、観察のヒントになる。たとえば吸水するのはまずオスだけだ。これは塩分などのミネラルを、のちの交尾でメスに渡すための行為とされる。きわめてまれに、メスの吸水シーンに出くわすこともある。これを見逃さないためにも、本当は区別点をあらかじめ知っておくと有利なのだけれど……。

一方で、産卵は絶対にメスしかしない。チョウは種ごとに食草が決まっていて、母チョウは基本的に対象植物に産む。しかし例外もある。ウスバシロチョウ（→90ページ）は、ムラサキケマンなどの食草から少し離れた、落ち葉などの植物片が重なった地面に腹部を挿して産む。特筆すべきはアサギマダラ（→73ページ）。オスだけがヘアーペンシルという器官をもっていて、メスへの求愛の際、事前の準備に使う。

吸水するオナガアゲハ春型のメス。'14.5.31

ウスバシロチョウ（ウスバアゲハ）の産卵。'23.5.18

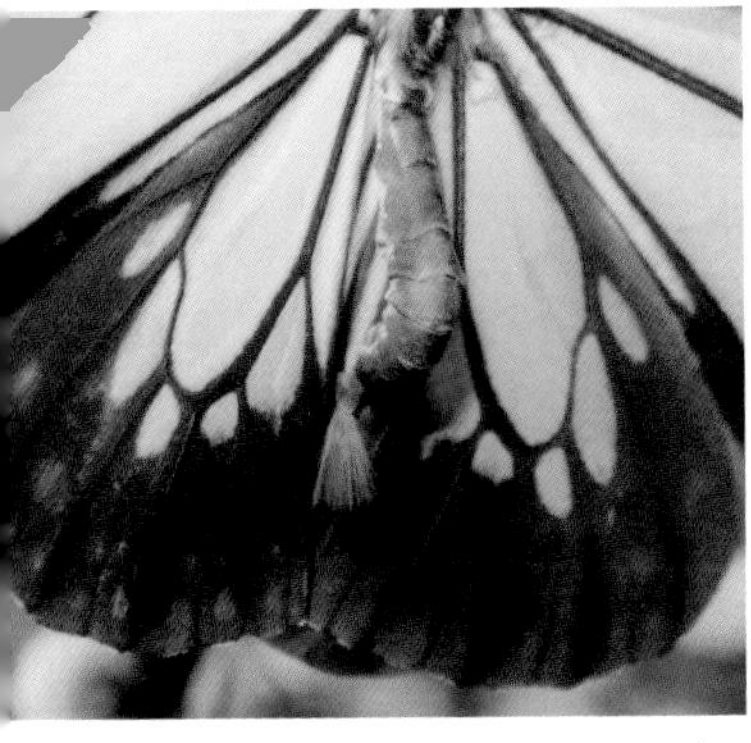

ヘアーペンシルを出すアサギマダラのオス。'00.10.7

クモガタヒョウモンは深緑の頃に現れる。山座は左から石尊山、剣ヶ峰、浅間（前掛）山。'23.5.4

人為的に植樹されたベニサラサドウダンで吸蜜するオス。ここが原っぱだった時代を知る者にとって、現状はとてもアンナチュラルだ。'17.6.15

クモガタヒョウモン

1988年6月13日

在来大型ヒョウモン類ではもっとも羽化期が早い。深緑の季節にひときわ目を引く明るいオレンジ。いよいよ本格化する夏を予感させるが、本当に暑い時期には夏眠《かみん》してしまう。新鮮な個体を写すべく、夏眠前に押さえたいのだが、敏感で落ちつきがない。かといって、盛夏を過ぎた頃に活動を再開させたものは翅が傷んでいる。どうもうまくいかない。

はじめて撮った場所は山の中の一軒家ともいえる実家。冬を除く季節営業のホテルだ。とくにレストランの窓を開け放っておくと、不思議なほどチョウが入りこんできた。人工物と組んだ写真はネイチャーフォトとしてどうなのか？　などと葛藤することもなく、シャッターを切っていた。当時はそれで楽しかった。自分で自分の写真に注文をつけるようになったのは、もっとずっとあとのことだ。

右の写真の木、ベニサラサドウダンは従来の草原的環境を改変して植樹された。しかもこれは国立公園内でのことである。これにより、もともといた草原性希少種（たとえばゴマシジミ）が生息地を失った。

ダイミョウセセリ　1988年6月13日

これまでとは逆パターンのチョウを紹介する。本種はピタリと閉翅できず、裏面の撮影にこそ工夫が必要だった。

まずは小さな花からの吸蜜時を選び、チョウ自体は開翅したまま、カメラアングルに凝って撮影した。しかし悪くはないが満たされもしない。一定の成果があがりはじめた頃、ごく初期の写真にV字開翅したカットを見つけた。あらためて対峙すると、快晴の日にかなりの角度まで翅を立て上げると知った。暑さを避けているようだ。些細な発見がその都度楽しかった。

やがて産卵シーンに行きついた。母チョウはみずからの体毛（もしくは食草の繊維？）で卵を覆う。我が子を天敵から守る思いだろうか。

もうひとつ触れておきたいのは特有の地域差。軽井沢は「関東型」の分布域で、後翅中央に白帯は現れない。異常型として後翅基部が白い個体を見たが、鱗粉がこすれ落ちたような印象。前翅と重なる部分で、外的影響は受けないはずだが……。

上：通常は翅を開いて止まる。'20.8.12
右上：暑さを避け、翅を立てているようす。'22.8.11
右下：後翅基部が白い異常型。'22.6.27

左：開翅の習性がないので、翅表は飛ぶ瞬間を写すしかない。そのため本種はフィルム浪費の対象種だった。'02.5.24
上：山頂占有。デジカメを常用するようになって撮りやすくなった。'23.5.30

ヤマキマダラヒカゲ　1988年6月20日

かつての図鑑では「キマダラヒカゲ」の名称で掲載され、酷似した2種類のチョウが混同されていた。それがヤマキマダラヒカゲとサトキマダラヒカゲに分化して、もう50年は経つ。私が先に会ったのは「ヤマ」のほうだ。

日当たりのよい環境をあまり好まず、半日陰の湿った場所に飛来する。食草ササ類が林床を覆う樹林内や、その周辺ではめずらしくない。採集も容易だった。獣糞に群れる姿も定番で、においさえ我慢すればストレスなく接写できる。人の汗を吸いに寄ってくる場合もあり、子どもの頃から親しんできた。光線状態の悪いところに舞うので、飛翔シーンはフラッシュ撮影になる。

そもそもチョウなのだから、翅の開閉はできるはずなのに、止まってしまうと翅表を見せない。警戒心か？　ラクなのか？　さらに追求すれば、花と組んでの写真も欲しい。どうやらツツジ科を選んで訪花するようだ。もちろんストローを伸ばして吸蜜とみなす。

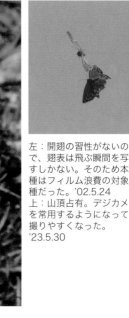

草むらで翅を休める。近年あまり見かけなくなった。'20.6.27

フタスジチョウ　1988年6月22日

「あぁコイツも元気でいるんだな……」

採集にハマっていた昆虫少年の記憶も薄れ、いつしか疎遠になっていたフタスジチョウ。カメラを手にして再び立ったホームグラウンドで、どこからともなく軽やかに舞いおり、数m先に静止した。相変わらずの飛び方に少年期の思い出が甦った。

白と黒の色彩構成だが、目の前に佇《たたず》むそれはモノクロではなく、鮮やかに生きた「白」と「黒」だ。本種も普通種なので、1コマ撮ればそれ以上の関心は起こらず。安心感をもって、また意中に不在の月日が流れた。

90年代も終盤に差しかかった時分、思うところあって、撮り方や心がまえを一新し、チョウを一から撮り直すと決意した。そこで衝撃の事実に直面する。

このチョウも含め、幾多の種類の居場所が狭められていたのだ。探さなくても会える……から、探せば会える……、そして探しても会えない……に。長年の経験があるからこそ、受け止めるのはつらい。この変化を軽井沢で見ている人は、きっとそう多くない。

ウラギンヒョウモン　1988年6月28日

私がチョウを語る際、たいてい小4時の昆虫クラブから始まるのだが、本種ウラギンヒョウモンとギンボシヒョウモン（↓10ページ）だけ、小3時からエピソードがある。

当時の実家（季節営業のホテル）の庭先に、アカツメクサの野辺があった。吸蜜に集まる両種を、ただ捕まえるだけで楽しかった。翌年入ったクラブで、それらが「ウラギン」と「ギンボシ」、2種類のチョウだと知る。同クラブに入部しなかったら、一生触れなかった情報だろう。その後、採集しては図鑑で調べるという、この両輪がまわって、私のチョウ学の礎《いしずえ》となった。

以来50年、ウラギンは多産して安定。食草はスミレ類で、ほかの大型ヒョウモンと共通だ。生息環境は良好に保たれているかに見える。一方でギンボシ、こちらは減少傾向にある。何が明暗を分けたのか？　私にはまだ知見がたりない。

どうあれ、いまのところウラギンは健在だ。交尾、産卵といったシーンにもしばしば立ち会う。食草には卵を産みつけず、付近の枯れ草など地面付近に腹端を挿しこむ。母チョウは翌春、きっとこのあたりにスミレ類が発芽するだろう……と見越しているようだ。また本種はギンボシヒョウモンより明らかに垂直分布の下限が低い。

上：オス翅表。衰亡の心配なく、時期には各地に多産。'21・6・2
下：メス翅裏。クサフジで吸蜜している。'23・9・22

エゾスジグロ（シロ）チョウ（当時）　1988年6月28日

（注：2006年以降ヤマトスジグロシロチョウに改名）

改名後の新称はすでに浸透しただろうか？　私はまだ旧名の「エゾスジ」から抜け切れない。本種は北海道亜種と本州以南亜種とに区分されていたのだが、2006年、エゾスジグロ（シロ）チョウの名は北海道産にそのまま充て、本州以南産はヤマトスジグロシロチョウという別種扱いになった。本書では思い出話のなかでは「エゾ」の呼び名を使わせていただく。

これとは別にそもそもスジグロ（シロ）チョウ（→68ページ）という別種がいる。日本産チョウ類ではスジグロチョウとエゾスジグロチョウは見分け方の最難種といっていい。とくに春型のオスは個体差もあって、いまでも悩まされる。区別の仕方については標本を用いた図鑑に譲ることにする。メスは季節型を問わず、産卵体勢で違いがわかる。

本種ヤマト（旧エゾ）は食草の葉に乗り、腹部を下に向けて産卵する。私の観察ではヤマハタザオのロゼットを好むようだ。一方スジグロチョウは食草の葉に脚をかけ、腹部を上に向けて産卵する。

近似種では外見的差異を注視しがちだが、生態的差異も必ずある。進化の過程で別種に枝分かれした理由を探るのはおもしろい。左上の写真の個体は現場で翅表を確認し、間違いなく本種と断定した春型のメスだ。疑義がもたれないよう、撮影中は細部の確認に神経を使う。

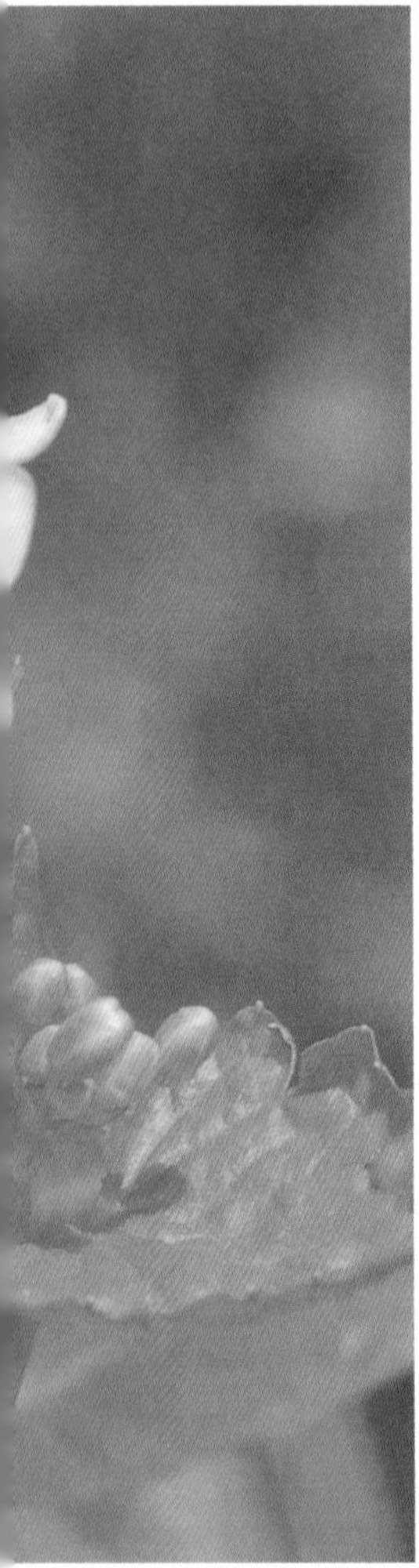

上：ユリワサビで吸蜜する春型メス。'21.4.7
左下：浅間石に群れた夏型オスたち。'08.7.26
右下：アブラナ科のロゼットに乗って産卵。卵が多数見える。'16.5.13

雨後の湿った樹皮で吸水。シャクガ科ツマキシロナミシャクと。'19.7.4

イチモンジチョウ　1988年6月28日

多産種で、数匹標本をつくったら採集意欲は低調のまま。以後の撮影でもそうだ。セカンドショットが思い出せない。

そんなイチモンジチョウにも熱い視線を向けるときがきた。第1化（→47ページ）の活動期もさかり、某登山道を歩けば、足元に次から次へと吸水個体が現れた。本種でははじめて見る光景だ。数の多さを表現すべく、画角やアングルをひねるが、全体を入れようとするとチョウは小さな点にしか写らない。近接した部分を探す。山登りもまだ序盤でフィルムの消耗はできなかった。

しかしこちらの都合を意に介することなく、行けども行けども地面に居並ぶヤツら。適度に密を避けており、撮影者にとっては嫌な間隔だ。何かを妥協するしかないモヤモヤが残った。

後年、獣糞に群れるシーンを撮り、気持ちも写真も収まった。振り返ればこのチョウ、さまざまなチョウが混ざっての獣糞吸汁で、図らずも写る機会には恵まれる。

ツバメシジミ

1988年7月2日

このチョウもどこにでもいて、特記事項はなかった。メスの春型に生じる青色鱗のバリエーションに魅力を感じたのは、撮影派になって10年も過ぎた頃だった。開翅も閉翅も難易ではなく、チョウを相手に意思の疎通が試せる。

たとえば天気がよいときは体温上昇を抑えるためか、日射を避けるべく翅を閉じる。そこで撮影者がわざと真上に構え、陰に入れてみる。するとゆるゆる翅を開く。意図的に陰をずらし、再び日を当てれば今度はピタッと翅を閉じる。逆のパターンもある。本種以外でも、他科の種でもやってみる価値はある。習性のひとつとして、翅の開閉で放熱や吸熱を行なっているようだ。

ツバメシジミは実験台として、数の多さがありがたい。身近な草っ原をあたれば求愛から交尾に至る行動も目にする。産卵シーンとも何度となく出くわすようになり、図鑑の再読をうながされたら、否応なく食草へも関心を寄せざるを得なくなった。

上から：極端に小さなオス。'17・9・7／夏型オス。'20・8・23／春型メス。'22・6・17／夏型交尾、左がオス。'16・7・24

ヒメシジミ　1988年7月7日

山の中の一軒家だった当時の実家では、ヒメシジミは庭先に多産して採集は容易だった。進学・就職を経てUターンしても、なんら減少の兆しなし。しかしのちにその家を引き払い、町内別地区へ移ると、意外にも見かけない。初撮影からちょうど10年経った同じ日、かつての実家を訪ねると、無人になった建物の脇でヒメシジミは生き残っていた。撮影にたるんでいた時期を省み、猛烈に撮り直しを進めていたときだ。

一層深く、軽井沢の隅々まで探しまわってみると、……いたいた。ひと目数百どころか千匹単位で乱舞。ピンポイントで尋常ではない密度である。草原を彩る小さな灰は、じつは微風《そよかぜ》と戯れるチョウだ。晴れた日もいいが、梅雨時の曇天下こそオスのブルーが緑に映える。少々気温が低いほうが動きも鈍く、どれを撮ろうか選んで寄れる。交尾シーンの目撃例もダントツ1位だ。斑紋《はんもん》の融合など、異常型の多さも群を抜く。どんな観点でも視線を外せない。

ナワシロイチゴ（サツキイチゴ）で吸蜜するオスたち。初夏の草原におびただしい数で発生する。'16.6.24

モミジ類の樹冠を舞っていたかと思うと、いい位置に降下してきたメス。'22.7.9

ミスジチョウ　1988年7月7日

ネーミングのベース種とでも言おうか、ミスジチョウがあって、オオミスジ（→102ページ）、コミスジ（→61ページ）、ホシミスジ（→36ページ）、それにフタスジチョウ（→22ページ）という種もある。いずれも黒地に白い筋が入り、見た目も飛び方も似ている。写真であれ標本であれ、コレクションを考えると欠かせない存在だ。

採集に熱を上げていた70年代中盤から終盤、写真をかじりはじめた80年代終盤。この時代の10年は、まだ軽井沢の自然に大きな変化（悪化）がもたらされておらず、本種は順当に私のアルバムに加わった。

両翼を水平に開き、一瞬羽ばたいては向きを変え、ゆったり滑空する。飛翔高度は低くない。食草モミジ類の梢を旋回しているならメスだ。産卵行動は中低木でもするが、モミジの葉に腹端をつけるとすぐ離れる。一般的な産卵時のポーズのように腹を「つ」の字に曲げることなく、それが産卵だったとは飛び去ったあとに気づく。

コチャバネセセリ　1988年7月9日

軽井沢にいるのは承知しているが、はじめて撮った個体は茶色一色で、事後判定に悩まされた。チョウへのアプローチは採集と撮影とでだいぶ違うと痛感した出来事だった。

撮影派の味方となるのは周年経過（年間の活動時期）の理解だ。チャバネ系セセリでは、このコチャバネセセリが一歩早めに活動期を迎える。本種は裏面の紋様が他種とは異なり、翅脈上に黒条が現れるので、慣れれば離れていても見分けがつく。食草のササ類が林床を覆う樹林帯がすみかで、ピーク時の個体数はけっこう多い。温暖な地域では年2化（→47ページ）で季節型も存在すると聞くが、当町ではどう見ても夏の個体は春の生き残りだ。

獣糞や湿地に飛来し、期せずして集団になったり、野の花での吸蜜もよく見かける。飛べば素早いが、目で追える速さだ。産卵シーンも撮りづらくはない。

ほかのチョウといっしょに写る場合は、どちらの種のページに振り分けようか、思案するのも楽しい。

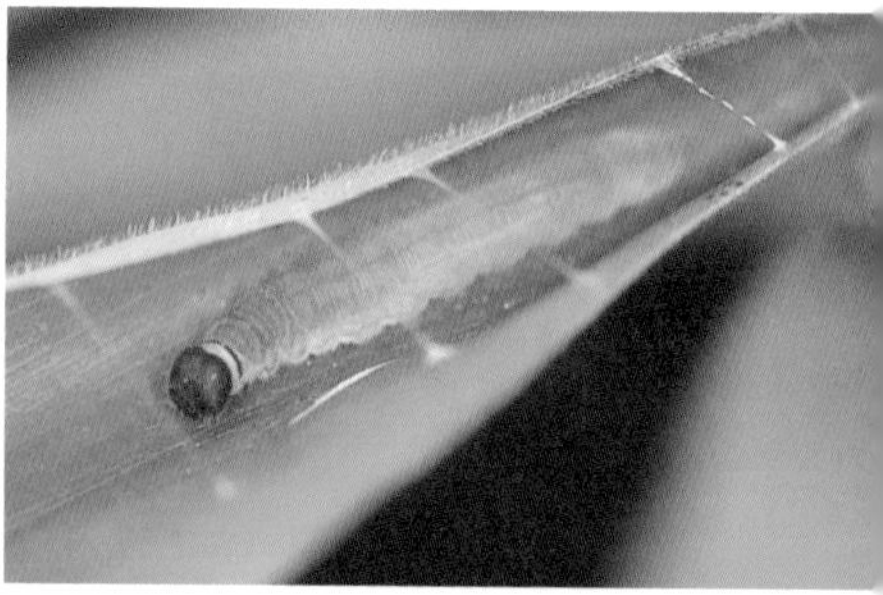

左：オスの翅表。小粒で地味なチョウだが数は多い。'19.7.8
右上：ササ類を食草とする幼虫。簡易な巣をつくる。'16.8.25
右下：メスの翅裏。'17.6.28

獣糞で吸汁するコチャバネセセリ、3匹のヤマキマダラヒカゲ。'08.6.17

獣糞で吸汁するコチャバネセセリとミヤマカラスアゲハ。'14.7.18

獣糞で吸汁するコチャバネセセリ、ミヤマセセリ、3匹のヤマキマダラヒカゲ。'11.6.21

ミドリヒョウモン　1988年7月9日

さまざまなチョウの撮影のなかで、むしろ邪魔になるぐらい、ヒョウモン類における最多産種だ。「ミドリヒョウモンだけ消えてくんないかな?」そんな不謹慎な言葉が口をつく反面、他種では観察困難な場面がわりと容易に見られる。

求愛飛翔ではオスがメスに背後から近づくと、下をくぐってメスの前方へ躍り出る。メスは無反応で直線的に飛びつづけるが、オスはいったん上昇して再びメスの後ろに降下。そのまま追い抜いてまた前へ出て上昇する。その気のないメスはただまっすぐ飛び、オスはまわりをぐるぐる円を描きながら進む。これを知っているだけで雌雄の見分けがつく。

交尾シーンの遭遇率もトップ3に入るし、産卵シーンもおなじみ。幼虫も多い。花の撮影で、本種の幼虫がスミレ類の片隅にゲスト出演していることもまれではない。そんなときも「いやだな、毛虫写っちゃった……」などと思うべからず。

前蛹《ぜんよう》や蛹は登山道や遊歩道の偽木製の手すりを見ると、よくぶら下がっている。回収して羽化を待ってスタンバるのだが、寄生率も高く、ほとんどはハエの幼虫が出てくる。一度だけ羽化も撮れたのだが、腹部が先に出てしまい、人間でいう逆子状態だった。無事には飛び立ったが、とにかく話題豊富なチョウである。

左下：ナガコガネグモの巣にかかったオス。'13.9.28
下中央：蛹から寄生バエの幼虫が出てくることも。'00.7.2
右下：羽化不全か、腹部が先に出てしまった。'00.7.18

オカトラノオは吸蜜源としてさまざまなチョウが好む。ただでさえ多いミドリヒョウモン（オス）もよく集う。ここではヒメキマダラセセリ（メス）が1匹ゲスト出演している。’22.7.18

シータテハ　1988年7月12日

言い尽くされた感のある説明だが、後翅裏面の「C」字紋がその名の由来だ。夏型でも秋型でも紋は安定して現れるが、メスではやや不明瞭になる。

山地性の傾向にあり、軽井沢全域どこで出会っても不思議ではない。春先、越冬した一群は吸蜜源の乏しいなか、キブシによく飛来する。日当たりのよい林縁の開削部などでは、ほかの成虫越冬種とのナワバリ争いもさかんだ。花蜜、樹液、獣糞、それに一見乾燥して何もないように思える地面へもストローを伸ばす。

夏型の産卵シーンはときどき見かけるが、なかなか接写に至らない。色彩は夏型で黄色味やオレンジ色味が強く、秋型では翅表が赤、翅裏がグレー系となる。一般に1年に2回羽化するとされるが、高地では夏型を経ずに秋型が発生したと疑われる年次がある。本種に限った観察例かと思いきや、近年外来種のアカボシゴマダラ（→153ページ）でも、春型より先に夏型が現れる事例もわずかにあり、固定観念にヒビが入りつつある。

夏型の裏面。地色はオレンジがかる。獣糞での吸汁シーンが定番で、ときに群れる。活動期が秋型より限られ、優先的に撮りたくなる。'23.7.12

秋型の裏面。地色は濃いグレー。夏型同様、中央のC字紋が特徴。越冬後は日当たりのよい林縁などの空間で暖を取るようにしながらもナワバリとして警戒。'21.3.30

テングチョウ　1988年7月12日

はじめて採集したときは長いパルピ（くちひげ）に興味津々だった。どこで捕まえたかは問題ではなかった。採集や撮影の難易度はそう高くない。

まず狙いたいのは横顔。成虫越冬種なので、早ければ3月には春を告げて飛び出す。この時季に配偶行動を取るため、オスはナワバリ意識をもって周囲を見張る。

雪解けも終わろうという頃、林道下のホオノキやハリギリなど、面積が大きく白っぽい落ち葉を好んで止まっている。春風が枯れ葉を巻きあげると、昆虫写真家ならいっせいにカメラを向けてしまうだろう。「何だ、葉っぱだよ……」幾度かそんな思いをしながら、そのうち本物のテングの舞いに出くわす。

夏には新成虫が現れ、複数匹が川辺の湿地で吸水する姿も見られる。以後活動期は連続しないようだが、10月の晴天時、特異的に頻出する日がある。いまでこそ私が使うのはデジタルカメラのみだが、銀塩カメラ併用時代のチョウのラストショットは、越冬中のテングチョウ（2019年12月29日）となった。以来フィルムではチョウを1コマも撮っていない。

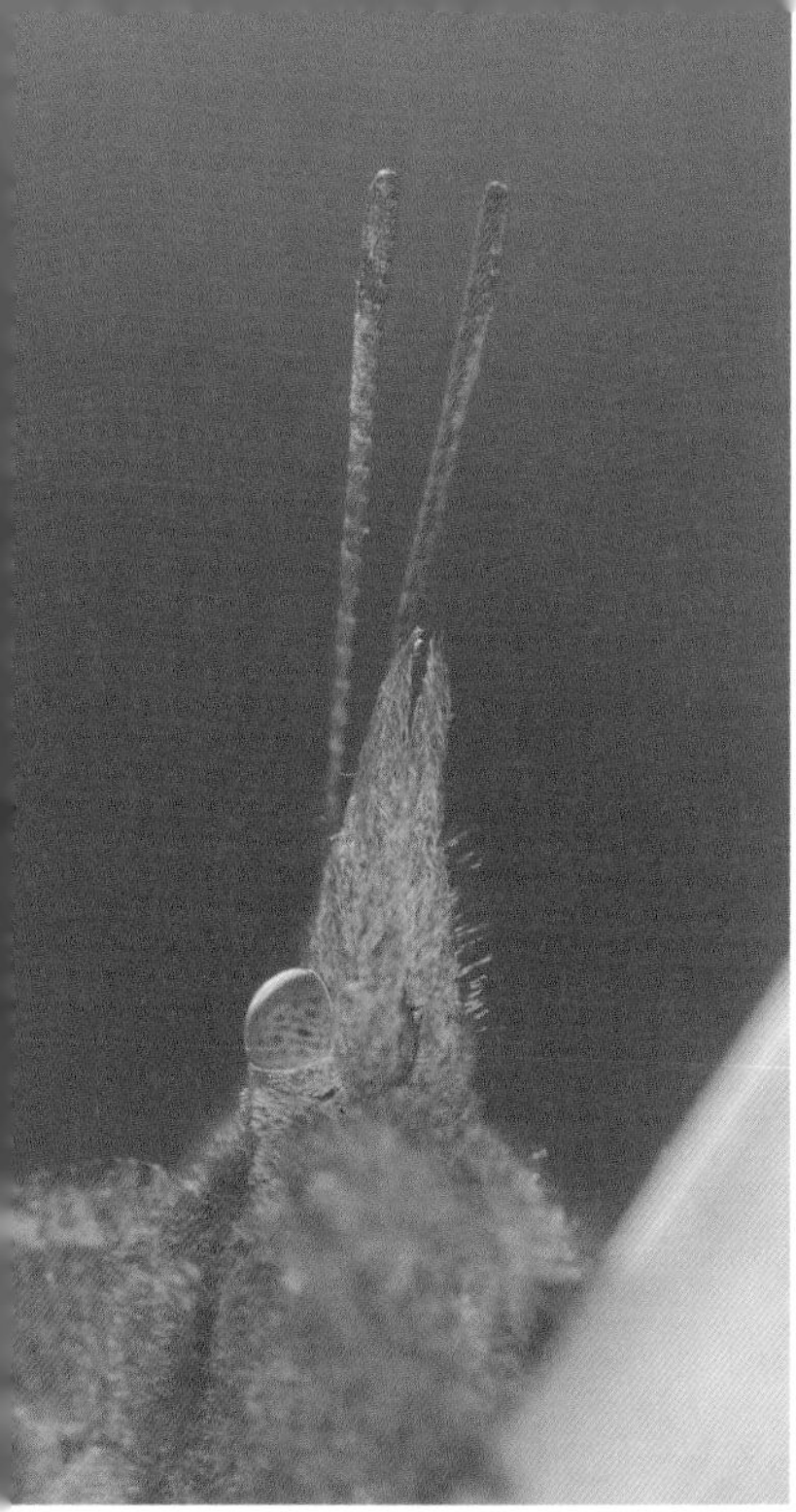

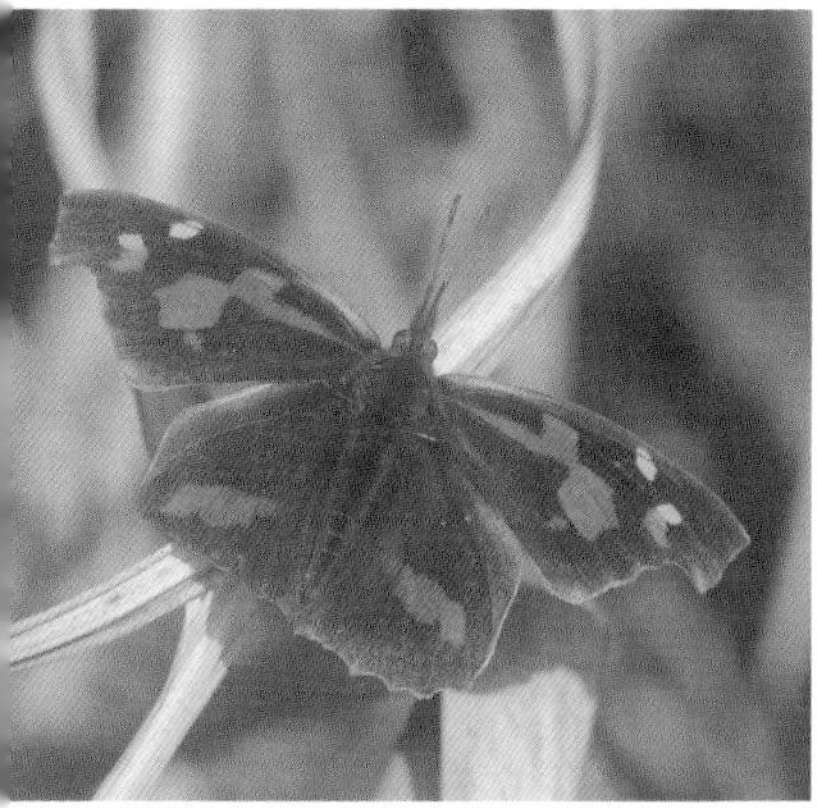

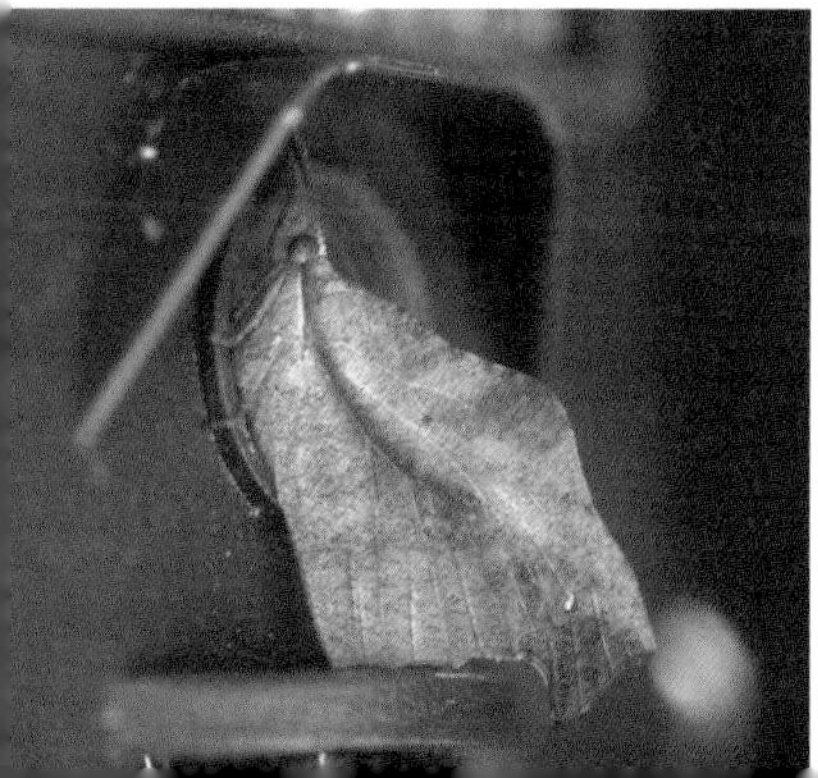

上：その名の由来、長いパルピ（くちひげ）'16・3・22／中：翅表。'16・3・19／下：フィルムで撮った最後のチョウ。'19・12・29

見飽きた感のある横顔だが、出会ったら撮っておこう、という１枚。'22.7.5

ホシミスジ　1988年7月12日

「またホシミスジかよ……」

ほかの白黒系のチョウと出会いたいのに、視界に入るのは毎度ホシミスジ。申し訳ないがガックリ……。こんな状態が続いていた。

ところが最近、探そうとすると見られなくなっている。食草のひとつであるユキヤナギは人家の庭先にもよく植えられており、私が一時期管理人をしていた保養所でも、植栽で相当数発生していた。ゆえに幼虫や、前蛹からの蛹化《ようか》、そして羽化、その直後には求愛され、交尾に至るというホシミスジの生活史の一端もよく観察できた。私がフリーランスになる前、90年代のことだ。

本業のすきま時間だから、蛹を見つけ、羽化間近に何日もカメラを構えたとして、接客中に終わってしまった経験も連年くり返した。当時はあんなにうんざりしてたのに、少なくなったら急に寂しい。我ながら勝手なものだ。

ルリシジミ

1988年7月18日

愛らしく美しい。種名の瑠璃色が翅表から訴えかけてくる。もろもろ観察不足だった頃は、フィルムを大量に投入し、飛翔時を集中的に狙っていた。ピントやフレーミングは外れてばかりだったが、たまにまぐれ当たりもあった。

やがて開翅の習性を知ると、関心は新たなフェーズに入った。単に翅を開くか開かないか……ではなく、どんな場面なら開くか……なのだ。

ルリシジミでは99％といっていいほど、静止中は翅を閉じている。まれに開翅したときは撮影優先ながら、そのシチュエーションも分析した。印象に残ったのは、活動期末の飛び古した個体で、翅を閉じる筋肉に衰えを感じるケース。重力に逆らって翅を立て上げる動作には、力が必要なはずだ。

「そりゃ閉じられないよなぁ……」私の加齢もあいまって、想像から実感へ。静止中の開翅にはほかにもさまざまな理由があるが、別種で述べることにする。撮影派に転じてからのほうが、観察力は身についた。

左：オス。翅表を撮らないと色を説明できない。'02.5.22
右：園芸種ベニサラサドウダンで吸蜜するオス。人為的に植樹された園芸種は、自然の中では魅力に乏しい。'18.6.14

ウラゴマダラシジミ

1988年7月19日

ゼフィルス、すなわちミドリシジミ類の入門の最適種で、羽化期もほかのゼフに先がける。こちらが探さずとも、向こうからやって来る。静止位置も低く、捕っても、撮っても、なぜかメスのほうが多かった。

前述した保養所では、裏庭の林縁に発生木のミヤマイボタがあり、毎年同じ場所で新鮮な個体を目撃した。初夏の頃、そこら辺のイボタの葉をめくると、裏側にダルマ形の蛹がいくつも見つかる。羽化の写真を狙うにもってこいの相手だ。

日々状態を確認していると、やがて中が透けてくる蛹がある。迷彩柄のビニールシートを敷き、業務中でも固定電話の子機を置いて待機。しかしいざその瞬間が訪れると、手ブレを恐れてストロボの同調範囲を超えるシャッターで撮ってしまった。

その大失敗を反省し、1年待って再チャレンジ。フィルム全盛期のことだから、うまく写ったかは現像するまでわからない。冷や汗モノだが、そもそも何月何日何時何分に蛹が割れるのか？　逃さず居合わせること自体、ハードルが高い。それでも愛蝶家ならいつかは撮りたいと願う羽化の連写を、ようやく収めた。

ゼフィルスのなかで羽化期がもっとも早い。本種が現れると夏本番は近い。'20.7.8

ミヤマイボタの分岐部に産みつけられた越冬卵。'07.3.29

(右ページ)
上：イボタの葉裏にある蛹。'02.6.27
上から2枚目以降、羽化の連写。順に、
蛹の背中が割れ、成虫が出てくる。／腹部が大きく、翅は縮んでいる／安定した位置で翅の展開が始まる。／翅を伸ばすには重力も利用しているかのようだ。
すべて '99.7.8

ヒメキマダラセセリ

1988年7月19日

はじめて写したヒメキマダラセセリはどんなカットだっけ？　となるほど、無意識とは言いがたいが、熱いまなざしを注いでこなかった。この50年、まったく衰亡しておらず、これは逆にスゴイ！

たしかセセリチョウ科の求愛シーンを最初に観察したのも本種である。どこにでもある原っぱ。メスを見つけたオスが背後から接近した。ただでさえ俊敏なセセリチョウ。追う者、追われる者、ジグザグ追尾飛行。メスが急ブレーキでピタッと止まると、小刻みに翅を震わせて求愛拒否。オスは横に並んで腹部を曲げたり、触角で触れてみたり……。メスはそれを無視してパッと飛び去る。

雨後の樹木では、蟻道《ぎどう》に染みた養分を摂るなど、セセリが樹液を吸っているかに見えることも。軽井沢ではまちがいなく年1化（↓47ページ）で、初夏の頃からせいぜい8月半ばまでが活動期。……だったのだが、ごくまれに10月でも現れる年があり、長年かけて培ってきた見識に、風穴を開けられそうになっている。

左：メス。雌雄とも個体数は多く、じっくり選んで撮れる。'19.7.5
右：雨後の湿った樹皮にある蟻道へと口吻を伸ばすオスたち。樹液が出ているわけではない。'19.7.2

メスグロヒョウモン

1988年7月21日

存在感は図鑑のなかで際立っていた。雌雄異型の代表種だ。順当に採集でき、メスを標本にしたときのことは鮮明に憶えている。

白黒系のイチモンジチョウ（↓26ページ）とまちがえてはならない。前もって意識していたつもりだったが、しばらく標本箱の中で、ヒョウモン類とは別コーナーに分類していた。

撮影でも黒い雌豹に迫るほうがときめく。青味を帯びた黒は、単純なモノトーンとは違う。パッと見、白黒のチョウが視界に入り、カメラを向けながら判定。「またホシミスジかよ……」（↓36ページ）となることがしょっちゅうだった。

そうしているうちに、やがてオスの魅力にも気づいた。地色のオレンジはひときわ明るく鮮やか。甘ったるさを漂わせている。色を求めるなら羽化直後の6月から、せいぜい7月中には撮りたい。オスには特定の空間に陣取り、まわりを見張る習性もあるが、効果のほどは未知だ。

雌雄でこんなに色柄のパターンが異なるのは、無駄な誤求愛を減らす対策なのだろうか？　このメスグロ含め、ヒョウモン類のオスの気持ちになって考えてみる。いやむしろ、ほかと違う色や模様のメスグロのメスのほうが誤求愛がなく子孫が残りやすかったのか？　真相はわからない。

上：いちばん下がメスグロヒョウモンのオス。中央はサカハチチョウ、上はミドリヒョウモン。'20.7.31
下：メス。'11.7.24

羽化直後のメス。蛹の抜け殻につかまり、翅の硬化を待っている。'13.7.15

ヒカゲチョウ（ナミヒカゲ）　1988年7月23日

「これも昔よく捕まえたよなぁ……」

カメラを携えてからの再会も早く、さほど感慨もなく1コマ。不思議とそれ以来接点はなく、写歴は10年が経った。某保養所の管理人になっていた私は、チョウの写真をまとめてロビーに貼り出そうと画策。しかし、そのときはじめて絵の不ぞろいを自覚し、猛省して撮り直しに走ることとなった。

巻き返しは順調だった。ヒカゲチョウは、林道や登山道では獣糞に群れていたりする。うっかりしているとピョンピョン飛び跳ねるように散ってしまう。

「うわっ、気づかなかった！」

帰りにそこを通りかかる際、細心の注意を払う。

目立たない「日陰のチョウ」だ。どこか詩情ある名前で、至近で見ると後翅に並ぶ目が美しい。ヒカゲチョウは種名でありグループ名でもあるため、混同を避けるべく、別名ナミヒカゲとも呼ばれている。

イチモンジセセリ

1988年7月30日

大発生という言葉が違和感ないほど、毎年秋になると急増する。遊び半分でやっていた子どもの頃の昆虫採集でも、早晩見向きもしなくなった。

このイメージを引きずってカメラを構えていたから、大群のなかにまぎれ込んでいる少数種を見落とすことになった。1匹ずつ確認する手間を惜しんではいけない。

多産種ゆえ「二種一撮」のお供にも欠かせない。昭和最後の秋、ノハラアザミで吸蜜する本種とキチョウ(→70ページ)の組み合わせで撮った写真がある。平成最後の秋は、ノハラアザミで吸蜜する本種とキタテハ(→69ページ)を組んで撮った。前者は意図せず、後者は意識してその場面を探した。すぐ見つかるのはありがたい。

だが令和に入り、急に数が減りはじめ、秋の野辺からにぎわいが消えつつある。「二種一撮」を試みたとき、片方がイチモンジセセリとなることは、もう難しいかもしれない。

平成最後の秋、キタテハとノハラアザミから吸蜜。
'18.10.21

昭和最後の秋、キチョウとノハラアザミから吸蜜。
'88.10.3

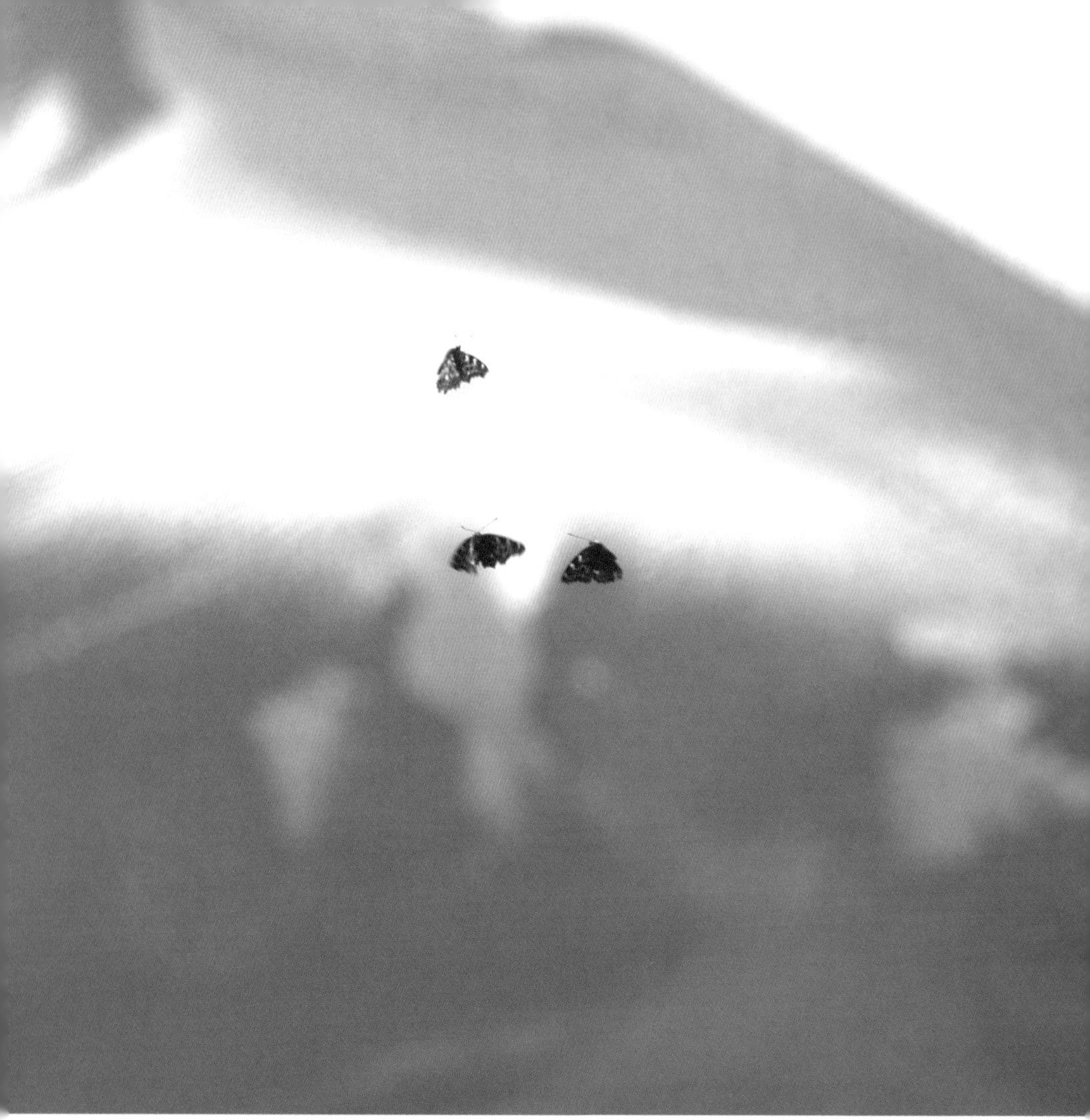

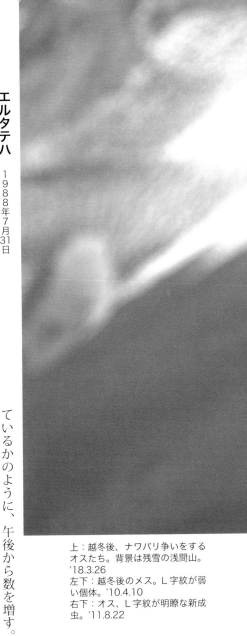

上：越冬後、ナワバリ争いをするオスたち。背景は残雪の浅間山。'18.3.26
左下：越冬後のメス。L字紋が弱い個体。'10.4.10
右下：オス、L字紋が明瞭な新成虫。'11.8.22

エルタテハ

1988年7月31日

後翅裏面にある「L」字紋が名前の由来。シータテハ（↓34ページ）と同じ発想だ。ただしエルタテハでは現れるのが不安定で、単なる白点にしか見えないものも散見される。L字紋が明瞭な個体を選んでいると、撮影は難航する。

それとは別のアプローチで、春先の山頂占有行動はおすすめだ。成虫越冬種の彼らは、気温さえ高ければ3月中には飛びはじめる。小高い丘や低山地の山頂部に集まり、ナワバリを争うのだ。まるで時間がわかっているかのように、午後から数を増す。「エルタテハってこんなにいたっけ？」と感嘆する。

近似種ヒオドシチョウ（↓92ページ）とともに、カサカサと乾いた羽音を立てて群飛。残雪の浅間山を背景にカメラの操作も忙しい。両種はゆるいながらもすみわけており、同じ場所でも見ていて飽きない。

午後からの山登りが困難なら、午前中、奥山の林道を歩いてもよく出会える。雪解けで足元はぬかるむので長靴は必須だ。夏に出る新成虫は交尾期ではなく、戦う必要がないので、山頂占有も見たことがない。

ヘリグロチャバネセセリ

1988年7月31日

通は「ヘリチャ」と略す。近似種「スジチャ」(↓112ページ)も同様で、この2種は大概いっしょに紹介される。見分け方の説明のためだが、どんなに標本を用いても、どんなに写真を用いても、実物をしっかり見ない限り、両者の違いを飲みこむのは難しい。とくに裏面でほとんど違いがなく、撮影時(あるいは目撃時)に表面も確認しておかないと、事後判定で苦慮する。

情熱的なオスによる求愛、情熱的すぎるオスによる別種への誤求愛、いずれのシーンにもしばしば出くわす。数が多い証しで、町内各所、裸地をともなう草地に小さな命が息づいている。

しかし、これがいつの頃からか見つけづらくなってきた。小粒であまり目立たないヘリチャ。ほかのチョウと比べたら増減を気にかけている人は少ないだろう。近年、絶滅のおそれのある種を記したレッドリストに思いもよらぬチョウがリストされるようになった。

上：裏面だけではスジチャとの見分けが困難。撮影時に翅表も確認してヘリチャと確定。'22.7.20
下：翅を開ければすぐ本種とわかるオス。'02.7.19

コラム　季節型と化性

チョウは一生のうちに卵↓幼虫↓蛹↓成虫の4形態に変化する。この4つのステージを、ちょうど1年かけて一巡させる周期のチョウを「年1化」という。軽井沢ではおよそ6割のチョウが年1化だ。一方、年間で複数回発生するものを「多化性《たかせい》」といい、発生回数に応じて年2化、年3化……と呼ぶ。

たとえばエルタテハは年1化で、春に産卵され、夏に新成虫として羽化、成虫のまま越冬して翌春に卵を産み、一生を終える。他方アカタテハは多化性で、年3回は発生する。この違いは行動にも表れ、アカタテハはシーズンを通してナワバリ争いを続けるが、エルタテハの空中戦は春に限られる。

多化性のチョウには、発生年の何代目かにより、同種でも翅の模様や大きさが顕著に異なるケースがある。大きく春型と夏型、あるいは夏型と秋型とに区分される。アゲハチョウ科では第1化となる春型は小柄、第2化以降は大型化した夏型。スジグロチョウは、後翅裏面に違いが表れる。キタキチョウは夏型と秋型だが、前翅外縁の黒色部は、両型の中間的な形となる個体も散見される。

季節による紋様の差は、幼虫期の気温や日照時間が関係する。ちなみに年最多回数の発生をするチョウは、モンキチョウとみている。季節型の区別はなく、軽井沢でも新春第1週まで飛んでいた年がある。おそらく5化目か6化目だろう。もちろん成虫越冬種ではない。

上：完全に夏型のキタキチョウ（左）と秋型寄りな夏型（右）。'06.9.21／下段右：川辺の木片で水分をとるスジグロチョウの春型（左）と夏型（右）。'20.6.9／下段左：一年中化性による変化のないモンキチョウ。'22.11.28

クジャクチョウ　1988年7月31日

鮮烈な赤に潤んだ瞳のような四ツ目。よほどの珍種かと思えば、そうでもなかった。小学校の敷地にもいたし、実家だったホテルの庭や、前を行くバス通り、そして管理人をしていた保養所など、各地でふつうに見られる。

成虫越冬種なので、春は3月から目覚め、ルリタテハ（↓56ページ）やキタテハ（↓69ページ）、シータテハ（↓34ページ）、テングチョウ（↓35ページ）らとナワバリ争いできりもみしている。その時期の翅は傷んでいるが、ナワバリ争いに勝つと同じ場所へ戻ってくるので、待っていれば撮れる。

しかしたとえ撮る目的がなくても、彼らの習性を見ているだけでワクワクしてくる。毎日その空域を見張っていて、メスと出会えて交尾に至るのか？　ポカポカ陽気のなか、どのオスもよりよい位置を得るべく奪い合い、他者に先がけてメスを見つけ、子孫を残そうと必死だ。日々、そして連年くり返されるマンネリとも取れる行動。

「もしかしたら今日はいつもと違う写真が撮れるかも？」と私。「もしかしたら今日はメスがやってきて交尾できるかも？」とクジャクチョウ。

「そうだな。お互いにな……」案外我々は共通しているようだ。

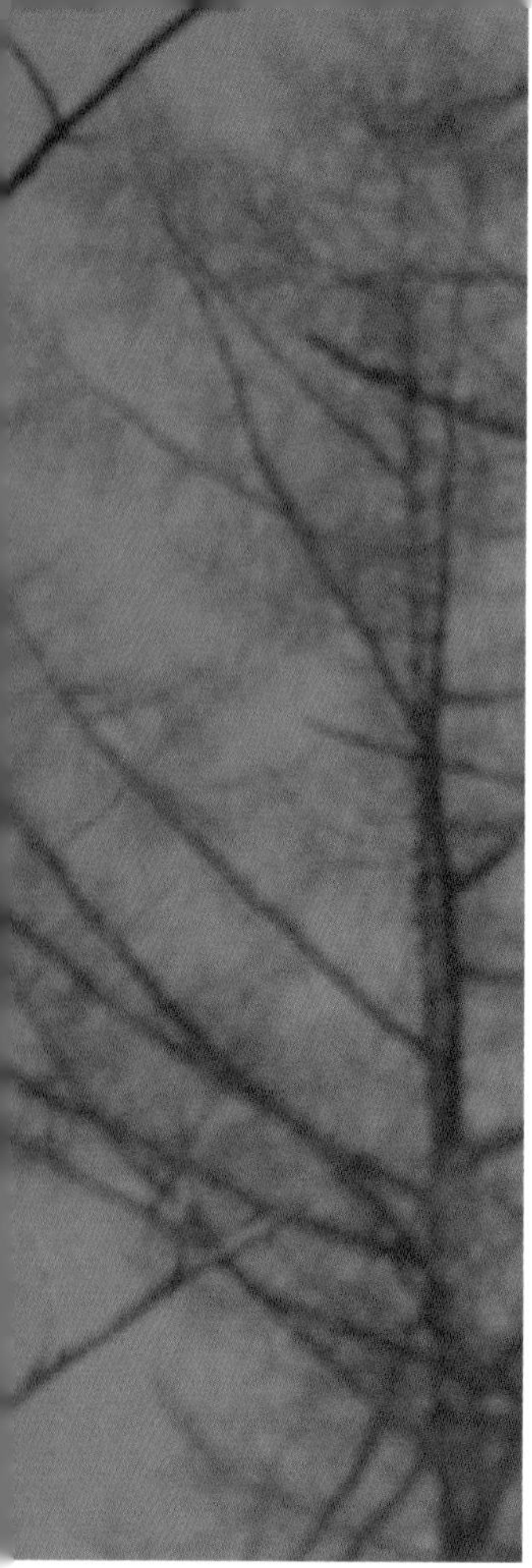

上：越冬後のナワバリ争い。5匹のチョウが写っている。日当たりのよい林縁を各種タテハが舞う。上3匹がクジャクチョウ。下2匹はキタテハ。'23.4.4
下：新成虫。大きな目玉模様は一度見たら忘れられない。'20.7.5

スジボソヤマキチョウ　1988年8月1日

涼しげな夏の高原に似合うチョウだ。羽化の集中日があるようで、異様な数の新鮮な個体を、ちょっとした山寄りの道路で次々目にするときがある。ほとんどオスだ。湿地での吸水集団も何度となく見かける。100匹超の大集団を形成する場合もある。

炎天下が続く真夏には活動を控えて夏眠するのだが、はじめて見た本種の交尾シーンは夏眠前だった。成虫越冬種がこの時季に交尾するのか？　モヤモヤしたまま幾年月……。

変わって春先。樹々の芽吹きにも早いモノトーンの木立ちに、黄色や白のチョウがチラつく。越冬明けの本種だ。近似種ヤマキチョウ（↓63ページ）とは生態的にちがう。このスジボソは、やぶの中でも平気で飛ぶ。メスは産卵樹に脚をかけ、産むと決めれば腹部を曲げる。食草のひとつ、クロカンバの例では、何匹ものメスによって枝先にビッシリ卵塊ができていた。その最中、1匹のオスが現れ、あるメスを強制着陸させた。近づいて見ると、交尾している。観察例の少ないシーンに私のシャッター音が響く。やはり交尾は越冬後だろう。

折りしも前著の出版を予定し、人生に区切りをつけようと考えていた頃だった。

「まだ終わらせるな！」「区切りつけてる場合か！」私をもう一度鼓舞してくれたスジボソだった。

求愛。メスは開翅して交尾拒否。こんなときこそ翅表が撮れる。黄色いほうがオス。'08.9.24

求愛。メス（左）は翅を小刻みに震わせ、吸蜜を続ける。オスはフラれるだけ。'20.7.5

ベニシジミ　1988年8月13日

「一応撮っとくか」と、町外では撮っていたが、あらためて町内でも撮影した。本種への撮影意欲が高まらないのは、言わずもがな多産種で、焦る必要がないからだ。

類似したチョウはほかにない。これが狭分布の希少種だったら、私の態度も急に変わるだろう。希少価値とは人間が決めたものだ。自然界に生きる者には生態系を支える役目があり、数の多さや生息地の広さにも意味がある。希少価値以外の価値だ。

さてこのベニシジミ、求愛シーンがおもしろい。すでに交尾が済んでいるメスは、オスを受け入れない。それを知ってか知らずかオスが近寄る。メスは静止すると翅を小刻みに震わせ、歩いて少しずつ離れていく。オスは目の前にメスがいると認識、どう迫ろうか思案している。そのうちメスはオスの視界から完全に消え、一気に飛び去ってしまう。オスはしばらく気づかない。心なしか現場には冷たい風が吹いている。

右：夏型。こちらを先に撮っていた。このときは翅表と翅裏の一発撮りなどまったく意識しなかった。こののち、春型でも同じように撮ろうと８年苦戦した。'04.7.30
左：春型。意識したら急に難しくなった。苦戦の末、収めた１枚。'12.6.15

サカハチチョウ　1988年8月13日

季節型の説明によく引用されるチョウだ。春型はオレンジ色の幾何学模様。夏型は黒地に逆さの八の字。種名の由来を表すのは夏型のほう。探さなくても行き会うが、山地の渓流沿いで密度が高い。

春型はミヤマカラスアゲハ（→58ページ）の春型らが吸水集団をつくるかたわらで、ひっそり吸水している。各種山野草からの吸蜜も夏型では定番だ。

ある年、数匹で吸水している夏型を発見。うち2匹が近接し、一方が開翅、もう一方は閉翅していた。深く考えず、1コマで表裏両面写せてしまった。しかしのちに、これが私を苦しめることになる。

「同じシーン、春型でも撮りたいなぁ」

いくら普通種でも、変な条件をつけたら俄然難しくなった。居場所も発生期もわかっていて、実際目の前に2匹いる。ところが近接しない……開翅しない……閉翅しない……決定的な場面で一部の翅が破れている……。写真を撮り歩くことが私のストレス解消法だったのに、むしろストレスになってしまった。

アカタテハ

1988年8月13日

偶然にも撮影順でサカハチチョウに続くが、両種とも軽井沢での主用食草はクサコアカソで、気にかけていれば幼虫も見つかる。

本種は成虫越冬種なので、3月下旬、山頂占有行動から1年が始まる。同じ習性があるヒオドシチョウ(→92ページ)、エルタテハ(→44ページ)より、時期も時刻もやや遅れる。

午前中から騒がしいヒオドシに次いで、午後になるとエルタテハが参戦! しばらく両種の混合バトルが続く。やがて午後3時の主役、アカタテハが飛来して数を増す。さらに遅れてヒメアカタテハ(→82ページ)の登場となるが、その時間にはヒオドシが戦線を離脱。こんな日周を楽しんで眺めている。

アカタテハ、ヒメアカタテハは多化性のため、晩秋まで途切れず午後の山頂に飛びかう。撮影はラクだが、そこはチョウなので、なるべく花からの吸蜜も撮りたい。麓でのソバの花期、畑の通路に咲くノハラアザミは狙い目だろう。

上:コスモスでの吸蜜。'04・8・29/中:タテハ科は前脚が退化して短い。'14・10・16/下:越冬後の山頂占有。エルタテハとバトル。'18・4・1

エゾミドリシジミ　1988年8月22日

撮影順でゼフィルスの2番手がエゾミドリシジミだったのは意外だった。だいぶ後回しになるだろうと思っていたからだ。もっとも、ファーストショットは夏の終わり、色あせて、後翅の橙色部をザックリ失ったメス。もともとこの類での私の経験値は低く、同定は簡単ではなかった。

軽井沢では広く生息しており、目撃箇所や接触頻度にバラつきがある。居並ぶ近似種のなかで、尾状突起が短いこと、裏面の白帯が太いこと、オスでは青緑色の金属光沢に深みがあることなど、細かな区別点を納得するまで相当な時間を要す。オオミドリシジミ（↓104ページ）、ジョウザンミドリシジミ（↓118ページ）などとも、同じ部分を見比べたうえで頭に入れないと、実物の個体差までは理解できない。

しかも採集にしろ撮影にしろ、容易には手中に収まってはくれない。エゾミドリシジミには年次変動もあるし、それなりの奥山へ徒歩で向かう労力もいる。疲れる相手だが達成感もある。そこもゼフの魅力だ。

メス裏面。羽化直後のようで新鮮。'06.7.4

オス。翅表の金属光沢は深みがある。'11.7.18

メス。翅表はよくあるO型。'11.7.18

アカツメクサで吸蜜するオス。衰亡著しい草原性のチョウだ。'17.7.24

アカセセリ　1988年8月22日

このチョウもレッドリストに載ってしまった。子どもの頃のホームグラウンドだった某ホテルの庭先では、いるのがふつうだった。レストランの窓を開けておけば屋内に入りこむこともあった。

軽井沢ではやや標高が高いエリアに多く、草原性で、夏休みが終わる頃によく見かけた。オスはすぐそれとわかるが、メスはコキマダラセセリ（→107ページ）のメスと酷似する。先に減少しはじめたのはコキマダラセセリのほうだった。アカセセリがそのあとを追った。

軽井沢の自然を、チョウを、私が体現したこの50年を語るとき、環境の悪化、昆虫全般の衰亡、各種山野草の衰退や消滅など、町のイメージを損ねかねない現状への言及が続くことは悲しい。「町の自然環境悪化を訴えるなんて、マイナスプロモーションになるからやめろ！」という見えない圧もある。しかしアカセセリや、ほかの生物が消えゆくことを危機と感じないほうがマイナスだろう。アカセセリはいま、会えても単純には喜べなくなってしまった。

ルリタテハ

1988年8月27日

先に図鑑で存在を知り、のちに採集して「アレだ！」となる好例。数ある暖色系タテハのページにあって、異彩を放つ寒色系の翅。知らないチョウを毎々捕まえては図鑑で照合する。子どもの頃のそんな思い出があることを、つくづく幸せに感じる。

食草は軽井沢ではヤマカシュウを主とする。成虫からは想像もできない毒々しい色とトゲの幼虫も、意外とよく見つかる。

季節型には夏型と秋型がある。軽井沢に生息するチョウの約1割は成虫越冬種で、本種もそうだ。一定の空域にナワバリをもつので、複数種が絡む場所で越冬後のルリタテハを追うと、「紋付き」といえるような、ちょっと変わった個体を見つけやすい。

新成虫たる夏型もやはりナワバリをもつが、彼らは領空をパトロールしながら、カメラを持った地上の二足歩行動物を観察しているようだ。こちらも刺激しないよう石になっているつもりだが、私が黒目だけをキョロッと微動させた瞬間、くるっと向きを変える。

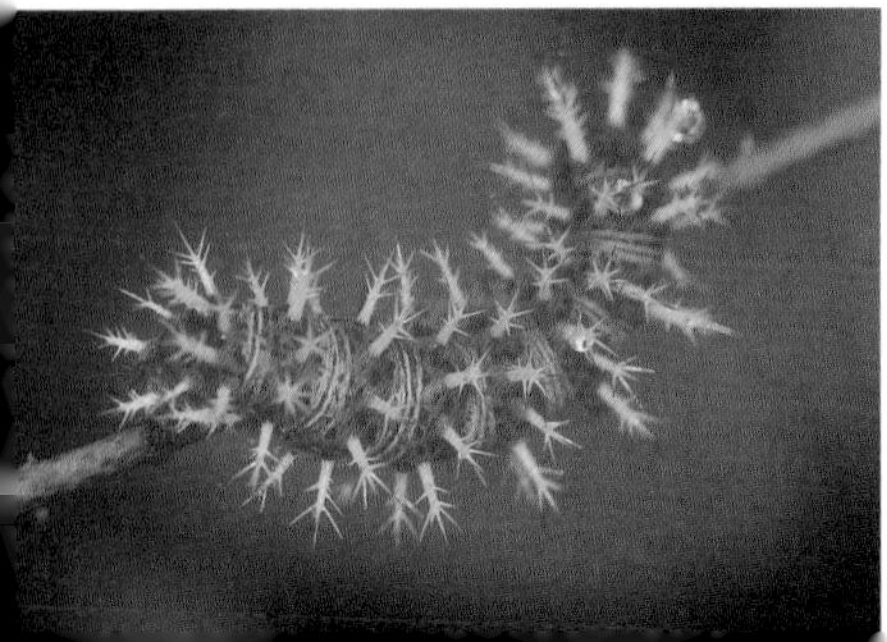

左上：獣糞で吸汁する夏型オス。'23.7.12
左下：ヤマカシュウにつく幼虫。'20.6.23
右：異常とまではいえない“紋付き”は、越冬後のナワバリ争いの場に一定数いる。'23.4.4

コラム　ナワバリ、占有行動

チョウを観察していると、望むまでもなくオスどうしのナワバリ争いを目にする。我先にメスを探し、子孫を残すためだ。ライバルを出し抜くには、どこからメスが飛んできてもわかる、見晴らしのよい場所に陣取る必要がある。好条件の激戦区では、絶えずオスたちが空中戦に挑んでいる。

ナワバリを見張るにはおもにふたつの方法がある。まずはスクランブルタイプ。まわりがよく見える枝先などで待機し、侵入者があるとただちに飛び立ち、排除する。もうひとつはパトロールタイプ。特定の空域を行き来し、ほとんど無着陸で旋回しつづける。どちらも併用するハイブリッドタイプもいなくはない。

とくに山頂部は幾多のチョウが集まり、あっちこっちで数種数匹のオスが絡む。ふたつの集団が期せずして合流し、一瞬大きな渦を描くバタフライストームは圧巻だ。またスクランブルタイプは待機中のオスが1本の木の上下に並ぶこともある。

ゼフィルスは夏の森の中、種類ごとに朝方あるいは夕方、決まった日周で現れ、小さな体でエネルギッシュなバトルを展開。毎日数時間の行動だが、それ以外の時間帯は地表での吸水程度しか確認できない。何を栄養源にこうも活発な飛翔ができるのか？　そのあたりの解明につながるシーンを私はまだ見たことがない。

上：バタフライストーム。山頂占有時のミヤマカラスアゲハとヒオドシチョウが合流。'19.5.30
下：スミナガシ（上にピント）。'22.5.24

ミヤマカラスアゲハ　1988年8月28日

個人的には軽井沢らしさをもっとも感じるチョウだ。黒系アゲハとしては春型で色味がカラフル、夏型で大型。吸水場所で捕まえることがよくあり、小学生の腕でもそこそこゲットできる。

夏型の吸水では100匹超の大集団になる場合があって圧巻だ。概して川向こうの砂地にいるので徒渉《としょう》を試みるが、私の接近に1匹が気づくと、大きな翅をわさわさ震わせる。それが両隣りの個体に伝わり、やがて放射状に広がっていく。彼らなりのコミュニケーションを感じる。誰かが飛び立つといっせいに舞いあがってしまう。この数のミヤマカラスアゲハに包まれる川辺は、幽玄で壮観だ。渓流もまた生きもので、毎年少しずつ姿を変える。近年の地形は平らな形状ではなくなり、人もチョウも寄せつけない。

撮影できるかは別として、山頂占有行動もさかんだ。その場に身を置き、ただ傍観しているだけでも精神が満たされる。俗に盆花と呼ばれるクサキョウチクトウなどが花壇にあると、庭先へも吸蜜にやってくる。

左下：夏型オスのアップ。オスの翅表にはビロード状の毛がある。'16.7.29
右下：山頂占有。ここでもカラスアゲハが１匹入っている（右から２番目）。'20.5.30

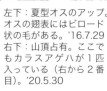

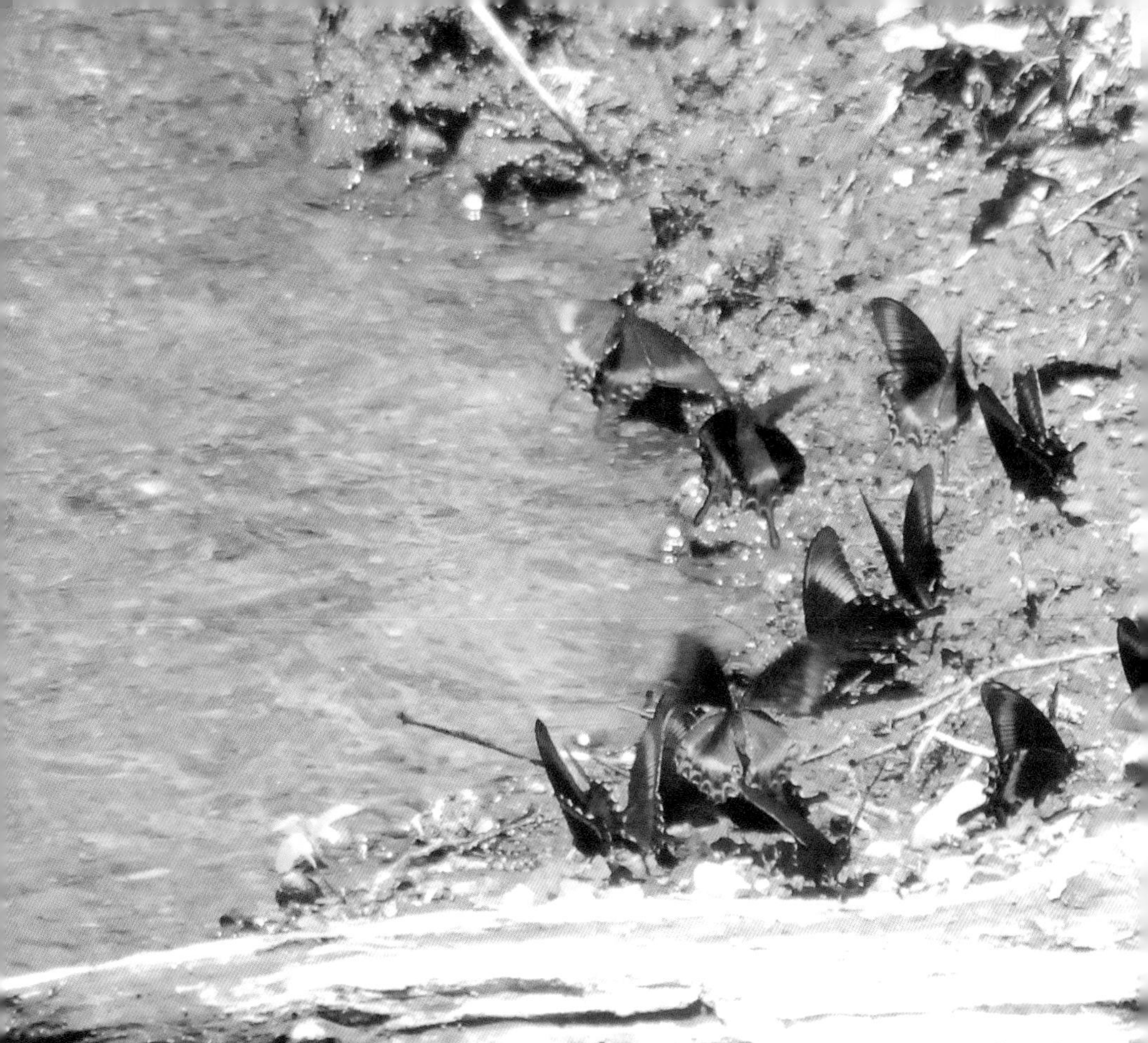

春型の吸水集団。わざと刺激して飛び立つ瞬間を撮影。
１匹ずつカラスアゲハ（中央）とオナガアゲハ（画面いちばん下）がいる。'17.6.6

オス。昭和の頃までは普通種。いまでは年に一度見れば多いと感じる。'13.7.9

ウラギンスジヒョウモン　1988年8月29日

カメラを持ってまだ2シーズン目の夏、すでに本種を撮っていたとはさすが昭和だな……と思う。アカセセリ（↓55ページ）やヤマキチョウ（↓63ページ）とともに、夏の終わりに増すチョウだった。いま思えばあの時代、もっとしっかり撮っておくべきだった。90年代に激減。あっという間だった。本種を含む草原性のチョウが、軒並みレッドリストに登録されていった。

以前からどことなく好きだったウラギンスジヒョウモン。単に大きさだけに憧れるならオオウラギンスジヒョウモン（↓101ページ）を推しただろうが、そうではなく、若干小さくて丸みのある翅形とか、前翅裏面に並ぶ白斑列など、際立った特徴とはいえないが、細部へのこだわりというか、加減をわきまえているというか、デカさやケバさに訴えない魅力を、このチョウは知っているようだ。控え目に晩夏の高原を彩る如才なさもあった。食草のスミレ科植物はほかの大型ヒョウモン類と共通である。

コミスジ　1988年8月29日

軽井沢産、黒地に白の三本筋では唯一の多化性。白帯は第1化で太く、第2化で細い。フジ（ノダフジ）やハリエンジュ（ニセアカシア）のまわりで、小回りしながら浮遊している。いわゆる多産種だ。

そんなコミスジで目を見張るシーンがふたつあった。ひとつはアオダイショウの死骸からの吸汁。皮膚が裂け、あばらが見える穴に2匹の本種が飛来。動物質の栄養を摂ることは知られていて、何かの幼虫やミミズの死骸で吸汁しているのに遭遇したことはあったが、ヘビとは驚いた。ヘビは腹部にしこりがあり、中身を摘出すると未消化の黒い鳥だった。悪臭に耐えつつ観察を続けると、コミスジはその鳥へも口吻を伸ばした。名場面に発奮！

もうひとつはクモの巣への接触。自身の翅が粘り気のある糸に触れないよう、器用にバランスを取ってつかまり、すでに犠牲者として落命している昆虫から、残された体液を吸う。天敵の巣へみずから意思をもって乗りこむなんて、「スゴイことするんだな」。

動物質を摂るシーンにはしばしば遭遇するが、ヘビの死骸とは驚きであった。'12.5.28

クモの巣に引っかかっているのではない。意識的に飛来し、餌食となった昆虫の体液を吸っている。'19.8.27

ヤマトシジミ

1988年8月29日

これぞ多産種中の多産種。見られる期間も長いが、軽井沢では春に乏しく、夏から秋に向かって数を増す。発生期によって若干「型」は異なるが、本種はどうやら夏型と低温期型とに区分されるようだ。

町内に生息しないシルビアシジミと酷似し、区別点である後翅裏面の斑紋列で、第8室内側の1点が、前後の点とズレるかズレないかを逐一注視する。ズレていればシルビアで、大発見となる。50年これをやって、確認できたのはすべてヤマトだった。

夏型のほうが旬は短く、撮るならそちらに力が入る。低温期型は5月でも見られるが、暖地からの移入のようで、初見の時点で色あせが顕著。食草カタバミへの産卵はその頃から始まる。

交尾シーンは秋からの低温期型でよく見る。ほかのチョウが当年の活動期を終えるなか、最後まで晩秋の野辺を飾っているからだろうか。見かけても邪険にせず、しっかり確認していると、思いがけず斑紋異常を見出すケースがわりとあった。

交尾、左がメス。後翅裏面第8室の黒斑点が前後の点とズレずに並べば本種。ズレていたらシルビアシジミを疑う。'23.10.3

低温期型メス。青色部には個体差がある。'15.11.9

ヤマキチョウ　1988年8月31日

中部山岳地域を代表する高原のチョウだ。私がチョウに興味をもった70年代半ばから、写真を始めた80年代終盤まで、近似のスジボソヤマキチョウ（↓50ページ）とともに頻繁に現れ、どちらもめずらしいとは言いがたい状態だった。単純に好みの問題で、私にはヤマキチョウのほうが魅力的だった。ノハラアザミが点々と咲く原っぱはいまや憧憬《しょうけい》である。

そんなヤマキチョウだが、90年代以降激減。草原性ゆえ樹林内には進入しない。スジボソが樹木の間もぬって飛ぶのに対し、本種は明るい草地を行き来し、前方に薄暗い林縁が迫るとUターン。日当たりのよいほうへ舞いもどる。主用食草クロツバラにも、森林内部にあっては卵を産まないし、逆にどこからも見える一本木でもダメなのだ。ひなたにあり、背後に斜面の土が盛ってあるとベスト。

好条件の産卵樹を1本見つけてあったのだが、ある年の草刈りで「チョン！」と切られてしまった。車道に近く、ガードレールに蛹もいた。たった1本のクロツバラでも、レッドリスト登録種の命を支えていたと、この場を借りて力説したい！

上：メス。日当たりのよい草原を好み、ちょっと曇ったり気温が下がったりすると、草むらにもぐりこんでしまう。'15.8.9
下：蛹。道路わきのガードレールで。近くに発生木のクロツバラがあったのだが、刈払いで切られてしまった。'06.9.30

カラスアゲハ

1988年8月31日

忍びの美学とでもいおうか、カラスアゲハの魅力はそこにあると思う。きらびやかさでも、個体数でもミヤマカラスアゲハ（→58ページ）を越えられない。私はそこに惹かれる。吸水シーンであれ、山頂占有であれ、V字光沢を残像に輝かせるミヤマに対し、ごく少数のなんか暗いヤツなのだが、実際に採集して標本にしたときから、本種のいでたちには美しさをあえて主張しない、品のよさを感じていた。

撮影は、ビギナーの頃は思うように進まなかった。狙うのは野原でのアザミからの吸蜜となる。アザミを訪花した彼らは翅への出力をセーブし、脚をかけながら花冠をぐるっとまわるようにストローを挿す。優雅だがじっとしてくれない。浮き足立って近づくのは「逃げてくれ」と言うようなもの。あと少しのところで別のアザミへ移っていく。とても接写できなかった。

転機は川辺での吸水シーンに立ち会ったこと。格段に効率が上がった。

吸水する春型オス。近似種ミヤマカラスアゲハが圧倒的に多く、注視して1匹見つける感じ。接写には好条件の湿地を事前に探しておきたい。'20.6.11

コラム　誘引物あれこれ

チョウが吸うのは、花の蜜や樹液だけではない。たとえば獣糞。獣糞は一般にタテハチョウ科（旧ジャノメチョウ科含む）やセセリチョウ科の独擅場《どくせんじょう》と思われがちだが、アゲハチョウ科、シロチョウ科、シジミチョウ科も誘引される。獣糞吸汁の撮影は、何かのはずみでチョウが散ってしまったとき、ハイキング中の人が通りかかると恥ずかしい。「あの至近距離で動物のウ○チ撮るなんて相当ヤバイ奴だ」と思われているのだろう。

チョウは人の汗も吸いに寄ってくる。直接皮膚から吸汗することもあるが、衣服の上からもストローを伸ばす。また、小動物の死骸も好む。昆虫、ミミズ、カエル、ヘビ、鳥、サワガニなどの死骸に加え、ヒキガエルの卵など、動物質の摂取には事欠かない。慎重に地面に伏して撮影していて、「人が倒れてるかと思った……」健全な登山者を驚かせてしまったこともある。ほかにも地面に垂れたエンジンオイルや、可燃ゴミの焼却灰にも誘引されたチョウを何度か見ている。一段と特殊なゴイシシジミは、幼虫期からアブラムシを食べ、成虫もアブラムシの分泌液を吸う（→152ページ）。

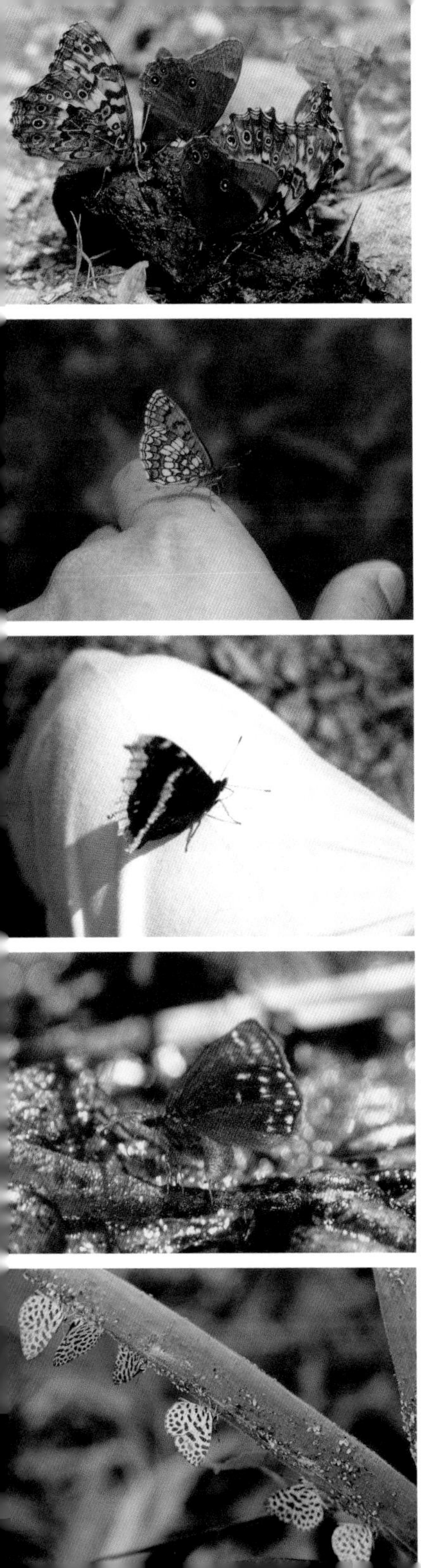

上から順に：獣糞に群れるクロヒカゲ、ヤマキマダラヒカゲ等。'08・6・17／人の皮膚で吸汗するコヒョウモンモドキ。'02・7・5／ズボンの上から汗を吸うキベリタテハ。'11・8・15／ヒキガエルの半乾きの卵で汁を吸うミヤマセセリ。'13・5・14／アブラムシに群れるゴイシシジミ。'05・8・30

山頂での占有行動が功を奏し、交尾の成立したオスがぶら下がっているメスに、別のオスが求愛している。'16.9.17

パトロールタイプでありながらスクランブルタイプでもあるので、顔のアップも難しくない。'15.9.23

キアゲハ　1988年9月2日

夏型のアゲハチョウ科という大物の採集は、まだ手のひらが小さな子どもの頃に、ぜひ経験しておいてほしいと実感する。キアゲハはそれを可能にする数で、野山を舞っている。

撮影はマクロでの接写、望遠でのズーム、どちらも腕が試される。接写のコツは、どのアングルから狙うにもまっすぐゆっくり近づくことだ。チョウの複眼は広角で後ろまで見えているはずだが、角速度がない（上下左右に動かない）のであれば、接近しても視界の中で位置が変わらないため、動いているとは認識されづらいのである。たとえ前方から正対しても同じだ。顔にもけっこう寄れる。

山頂占有での飛翔シーンは望遠を使うが、勘でのフレーミングや置きピン（あらかじめ被写体が入りそうな距離にピントを合わせて撮る方法）で、数撃てば当たる。本種で際立って特徴的なのは、山頂部での交尾シーンが突出することだ。他種では無駄な努力に思えるナワバリ争いも、キアゲハでは結果を出しているのだ。その後の産卵シーンや、幼虫などの見つけやすさも、アゲハチョウ科ではNo.1である。

ナワバリ争いでの空中戦。
'20.5.11

求愛でオスが興奮し、口吻をメスの交尾器に挿している。交尾に至るはずもない。'20.8.18

スジグロ（シロ）チョウ　1988年9月8日

においのするチョウとして、観察会などで優先的に採集し、参加者に嗅いでもらっている。発香鱗《はっこうりん》といってオスだけにある鱗粉があるのだ。求愛の際にメスをなだめる効果があるとされている。しかし現実は厳しいようで、交尾に至らないことがほとんどだ。

主用食草のひとつ、コンロンソウにメスが絡んでいるときは、産卵シーンに期待だ。するとそこへファンキーなオスが乱入して、急きょ求愛シーンに変更なんてことも。興奮状態にある彼は、相手が産卵しようという局面にありながら、猛アタックを試みる。交尾を拒むメスは、「そっちへも曲がるの？」というほうへ腹部を反らし、意思表示する。一般に、チョウではオスよりメスが大柄なのは、この体勢を取られるとオスは交尾器が届かず、あきらめるしかないとか、メスは卵をもつから大きいのだとか、諸説ある。近似種ヤマトスジグロシロチョウ（→24ページ）との見分け方は難しいが、メスでは産卵体勢に違いがある。

キタテハ　1988年9月8日

平地から亜高山まで見られ、住宅地にいても気に止めない。年2化あるうち、秋型に関してはそういえる。成虫越冬種で、昼間の最高気温が13度を超える日が2、3日続くと、2月中旬でも飛びはじめる。こんなときは嬉々としてレンズを向けるが、寒の戻りもある。求愛、交尾、産卵はおおむね3月下旬〜4月上旬がピークだ。やや遅れて蛹での越冬種が羽化しはじめると、春はセカンドステージに移る。

周年経過をみれば6月以降は夏型の時季となるのだが、不思議なほど少ない。秋型のお手頃感に比べたら、夏型のプレミアム感に撮影時は足元から緊張する。カメラをしっかりホールドするには、まず足の置き場が重要だからだ。

その名が示す黄色味は夏型のほうが強く、秋型は赤味を帯びる。樹々が紅葉しはじめる頃、野辺では赤いほうが乱舞。「本気で撮る相手じゃないな……」季節型によってこんなに意欲が変わるチョウはほかにない。

越冬後にキブシで吸蜜する秋型。翅表は赤味が強い。数は多く、撮影しやすい。'18.4.2

越冬後の秋型オス裏面。枯れ葉にまぎれると存在感が消える。'17.4.20

キチョウ（当時）　1988年9月10日

（注：2006年以降キタキチョウに改名）

キチョウという名称がいまでも頭を離れない。キタキチョウとミナミキチョウの2種類に分化されたのは2006年。軽井沢産はキタキチョウのほうで、私が回想でキチョウといったらキタキチョウのことだ。

夏と秋の季節型はあるが、外見上で区分するには無理があるのでは？　と思う。翅表外縁の黒色帯は、夏型の特徴とされるが、そうなら、ほぼ黄色一色の秋型はその子孫にあたる。だが、かなりの頻度で夏型×秋型という異世代間交尾が成立している。私の観察では例外なく夏型のほうがオスだ。

それだけではない。夏型とされる個体は晩秋まで見られるし、その後休眠体勢に入った例もある。年を越し、大寒も、立春も過ぎた。寒風吹きすさぶ氷点下の雪景色に、偽瞳孔《ぎどうこう》を配した黄みどり色の複眼が生きている。夏型も冬越しできるのか？　この前代未聞のモニタリングは、対象が鳥に喰われて突然終わった。成虫越冬種だが、軽井沢では春先に見るそれは極端に少ない。

農地わきの斜面で倒木の下側にて越冬中。雪景色に鮮やかな黄色は目立つが、位置は地表すれすれ。やや透ける前翅の黒色部は夏型のそれである。'21.12.31

クサフジで産卵中の夏型。'20.7.30

タンポポで吸蜜する秋型のアップ。'15.11.16

夏型 × 秋型の交尾、上（夏型）がオス。'21.8.31

クロヒカゲ　１９８８年９月10日

日陰で活動する黒いチョウ。軽井沢では年２化あり、食草ササ類が樹林帯の林床を広く占めるところで個体数が多い。いつ撮っても絵的に変わり映えしないが、このチョウから目を離すわけにはいかない。

子どもの頃、町内で確実に採集しておきながら、撮影派になってからは一度も接触できず、未撮影のままになっているチョウが２種類ある。クロヒカゲモドキとツマジロウラジャノメだ。どんなに面倒でも、その都度落胆させられても、類似したこれらを見過ごす危険性があるため、クロヒカゲを軽視できない。

逆に恩恵もある。獣糞での吸汁では数で存在感を示す。ヤマキマダラヒカゲ（↓21ページ）やコチャバネセセリ（↓30ページ）と発生期も食草も共通し、みんなで動物たちのクサイ落としものに大集合！　多産種のありがたみに感謝する。

おとなしいイメージのクロヒカゲだが、夕刻のナワバリ争いでは意外な一面を知る。アップで写すと後翅の目の模様は紫のアイラインが黒地に美しい。

地味で目立たないチョウだが、よく見ると眼状紋は紫にフチどられて美しい。'20.8.21

ハンゴンソウでの吸蜜。'16.8.28

アサギマダラ　1988年10月1日

小学生の頃、アサギマダラはなかなか捕れないチョウだった。うまく出会っても捕虫網を空振りすると、はるか上空へ飛揚してしまう。羽ばたきはスローモーション。細身なのに大きな翅。つまり小さな筋肉で広面積の翅を動かすので、スピードが出ない。そのかわり、ひとたび浮いてしまえば体は軽く、あまり羽ばたく必要がない。セセリチョウ科とは逆だ。チョウの飛び方は翅の面積と筋肉の大きさに関係するのである。

初夏の頃は南から卵を産みながら北上してくる。主用食草はイケマ。卵は見つけやすいが幼虫は難しい。夏の林道では行けども行けどもアサギマダラで、吸蜜源ヨツバヒヨドリを独占する勢力だ。新成虫は秋に南下する。

アサギマダラのオスはヘアーペンシルという器官を腹部に格納していて、ここから発するにおいを後翅にこすりつけ、求愛に臨むといわれている。図鑑ではおなじみのシーンだが、私は50年の観察歴で一度見ただけである（↓17ページ）。

スギタニルリシジミ　1989年4月16日

春だけのチョウで、出現期が早くて旬が短いスギルリ。4月中旬~下旬までがピーク。新鮮な個体を撮ろうとすると5月の連休ではもう遅い。羽化後の生存日数は少ない。

近似のルリシジミ（↓37ページ）同様、開翅の習性はないかと、飛びを狙ってフィルムを消費したが、やがて限定的には翅表を見せるとわかってくる。オスの場合、求愛シーンで高確率だ。メスに存在をアピールする際に開くのである。渋めのブルーを、わざと見せつけようとする。メスの前方でも後方でも、求愛中はやたら翅表を見せたがる。「ほら見て……」「こっちこっち」……無言の承認欲求は虚しく終わる。これはヒメシジミ（↓28ページ）のオスでも確認できる行動だ。

一方メスが開翅するのは吸蜜に夢中なときなど、翅を閉じる筋肉が無意識に緩んでいるような場面だ。4月の吸蜜源は限られ、ユリワサビなどが狙い目。ほか、周囲に天敵の気配を感じずリラックスムードにあると、気の緩みが翅の緩みにつながっていると感じる。黒斑点が発達したメスではシルビアシジミとの勘違いに要注意だ。

上：春先の吸蜜源は限られる。ここではフキでのカット。'17.4.24
下：翅を開いて止まっているメス。雌雄とも翅表を見せる場面は限られる。'16.4.21

ミヤマセセリ　1989年5月14日

本種も春だけのチョウと思われているが、高標高域では初夏の頃まで見られる。ダイミョウセセリ（↓20ページ）同様、ピタリと閉翅できないようで、翅裏の撮影で発奮した。両翼を地面にペタッと貼りつけて止まる。こだわらなければどうでもいいことだが、ミヤマセセリの裏面を写したかった。あれこれ考えて挑むのは楽しい。

まず吸蜜シーンから。地味なチョウなので、せめて花と組んで明るくしたい。それなりに成果はあった。やがて見る目が肥えると、動物質の栄養も好むと知る。獣糞こそ定番だが、水たまりで干からびたヒキガエルの卵や、渓流脇の湿地に転がるサワガニの死骸など、食餌対象の多様さに引きこまれる。

ストローは写す必然があるが、触角にも注視する。積極的に対象に触れていれば、チョウから「これ、ウマっ！」と聴こえるような気がするのは、私だけだろうか？　求愛、交尾、産卵にも数年に一度出会える。

渓流沿いでサワガニの死骸（甲羅）から吸汁。よほどおいしいのか、触角でも触れている。'13・5・16

コヒョウモンモドキ

1989年7月19日

ファーストショットは平成元年だが、西暦ではまだ80年代。当時の撮影順ならこのあたりで妥当だ。同じことをいまやろうとすると、本種の登場はかなり後方、もしくはランキングに登場しない。なぜか？　草原性のチョウだから。

生息地の消滅や狭小化は軽井沢でも進んでいる。もともと草原の町だった当町も、ほぼ森林化してしまった。わずかに残された草原的環境下でも定期的な刈り払いは行なわれているが、これが悪いことにコヒョウモンモドキの衰亡を早めた。草原を構成する山野草や、そこに依存する昆虫たちには、生長あるいは成長の時期がある。植物でいえば結実どころか、開花もつぼみもまだという、まさに生長の途中で刈られたら子孫を残せない。草食性の昆虫だって、幼虫の摂食期に食草を刈られては餓死してしまう。

草原の維持はとても大事で、刈り払い作業には大賛成だが、そこにいる昆虫や植物の周年経過に合わせないと、逆に希少種を絶滅に追いやる。コヒョウモンモドキの場合、ピンポイントで多産する箇所があった。小面積での草刈りでも、その影響は大きかった。

生息地たる草原。コウリンカ、ワレモコウ、ツリガネニンジン等が咲く。'04.8.17

左：交尾、上がメス。近年ではもはや子孫を残せていないかも。'04.7.9
右：ヒメジョンで吸蜜するオス。撮影現場は山奥だが苦ではなかった。'02.7.5

上：オスの翅表。撮影当時はこの現場へ行けば確実に撮れた。'02・7・5
下：メスの翅表。メスはオスより黒化する。撮っておいて正解。'04・7・5

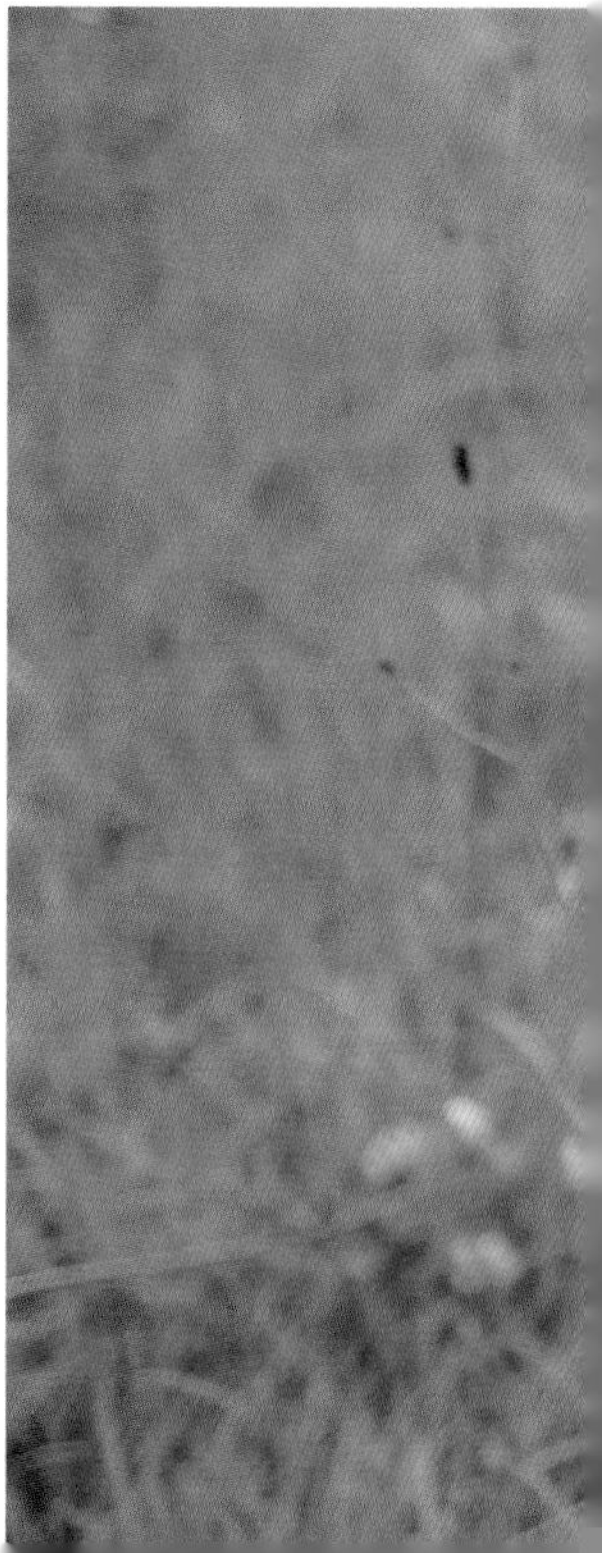

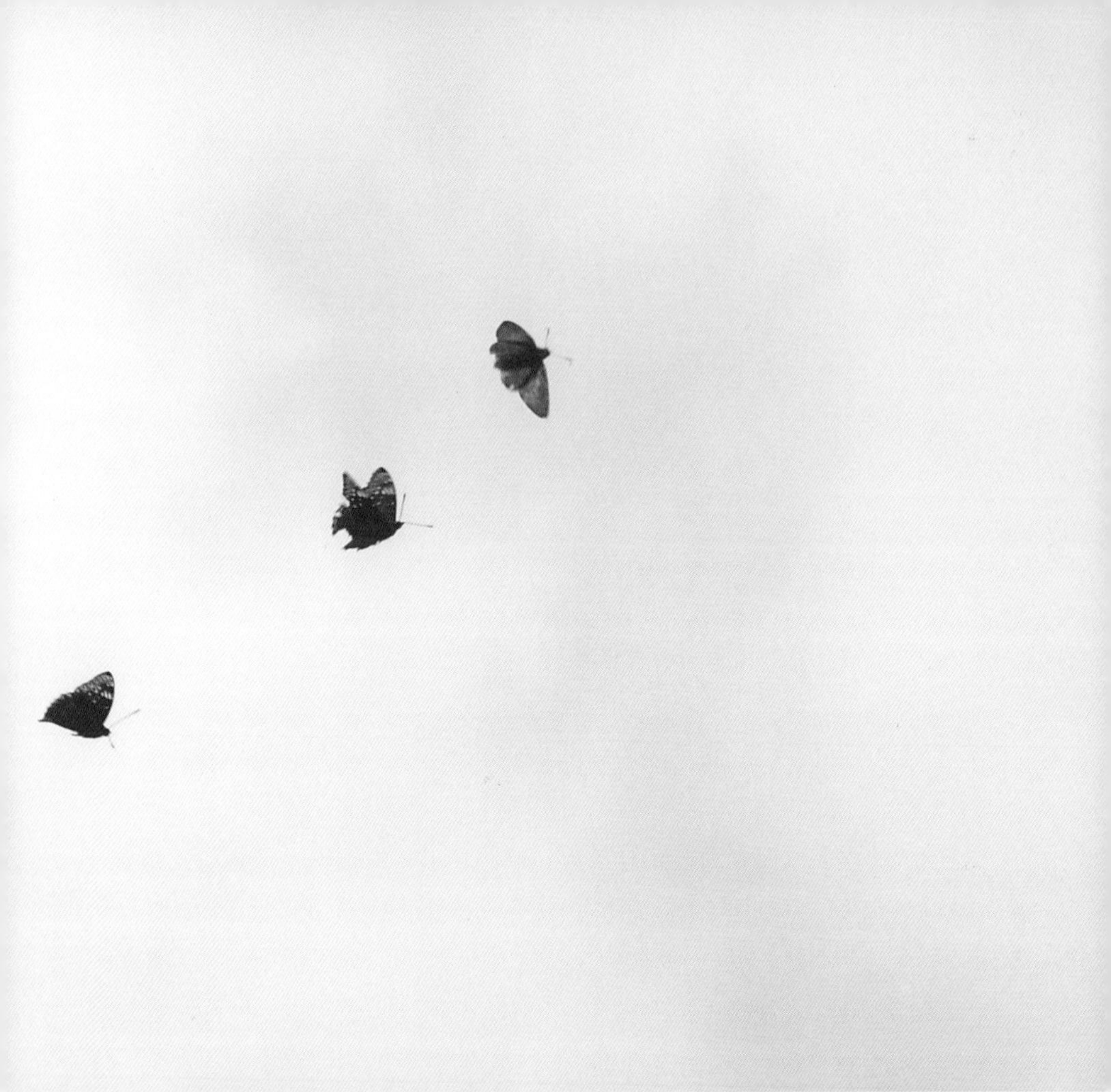

スミナガシ　1989年8月9日

名前もさることながら見た目も独特。白と黒のシンプルな配色だが、黒だけでも何通りかの色がある。そこに赤いストローが凜《りん》としてキマる。

オスには午後から山頂部に集まる習性がある。年2化で、5月~6月と、8月がいい。これを知ったのは町内でも徒歩2時間の山だった。体力的にはキツイが、スミナガシに会えるなら精神的に苦ではなかった。やがてもっと身近な、徒歩1時間の山でも同じように見られるとわかった。「あの体力を返せ!」と言いたい。

スミナガシはナワバリ意識がとても強く、まわりを見渡せる樹々の枝先に陣取る、典型的なスクランブルタイプのチョウだ。ちょうどよい位置にあれば、人の頭でも止まってアラート。ライバル以外のチョウが横切っても、急加速で飛び立ち、領空から排除する。スミナガシに限らないが、別種とのバトルだと幾分スローに追い、同種相手では気迫がスピードに出る。

スミナガシは山頂部樹林帯のポッカリ空いたスペースで、トルネード状にあおりあおられ、少しずつ上昇して行く。梢を越え視界が広がったとたん、横方向への直線的な動きに変わる。それが本当に速い!　瞬く間にカメラポジションから遠ざかる。

上：山頂占有行動（左の2匹）。食草や周年経過が同じアオバセセリ（右上）とも絡む。'21.6.15
左下：顔のアップ。口だけ赤い。'20.6.5
右下：翅表の黒には青味がある。'15.7.21

左：越冬後の翅裏。高標高域のチョウだが、越冬後は里に下る習性がある。'09.4.11
右：新成虫。黄色いヘリに青い斑点。ほかに類を見ない独特の紋様が魅力。'12.9.10

キベリタテハ

１９８９年８月11日

それは小４の夏休みだった。両親が働いていたホテルで、打ち水がしてあった玄関先に、４匹ものキベリタテハが吸水中。見事な光景だと子どもながらに理解した。しかし捕虫網は不携帯で１匹も捕れず。

そして再会までなんと十余年。舞台はあの日と同じホテルの庭先だった。緑の木立ちを黄色いリングに青白い炎が切り裂く。まぎれもなくヤツだ！　単体、新鮮な個体。捕虫網にとってかわった私の相棒のカメラでは、目一杯ズームしてもたりない。近づけばそれ以上に離れていく。結局遠目に撮って見送った。

軽井沢で人間の生活圏になる１０００ｍ前後の標高域は、キベリタテハにとっては低い。もっと高いところがすみかだ。成虫越冬種で、春になると低標高地へも下ってくる。渓流に沿った日当たりのよい林道や遊歩道では、老いた姿で佇んでいる。

キベリタテハは断然、越冬後のほうが撮りやすい。翅は傷んでいても、ナワバリ争いでは２匹、３匹と絡みあい、果敢に空中戦に挑む。活動期末は初夏の６月。

郵便はがき

切手をお貼りください。

102-0071

東京都千代田区富士見一―二―十一
KAWADAフラッツ一階

さくら舎 行

住所	〒　都道府県		
フリガナ		年齢	歳
氏名		性別	男　女
TEL	(　　)		
E-Mail			

さくら舎ウェブサイト　www.sakurasha.com

愛読者カード

ご購読ありがとうございました。今後の参考とさせていただきますので、ご協力をお願いいたします。また、新刊案内等をお送りさせていただくことがあります。

【1】本のタイトルをお書きください。

【2】この本を何でお知りになりましたか。

1.書店で実物を見て　2.新聞広告（　　　　新聞）
3.書評で（　　　　）　4.図書館・図書室で　5.人にすすめられて
6.インターネット　7.その他（　　　　）

【3】お買い求めになった理由をお聞かせください。

1.タイトルにひかれて　2.テーマやジャンルに興味があるので
3.著者が好きだから　4.カバーデザインがよかったから
5.その他（　　　　）

【4】お買い求めの店名を教えてください。

【5】本書についてのご意見、ご感想をお聞かせください。

●ご記入のご感想を、広告等、本のPRに使わせていただいてもよろしいですか。
□に✓をご記入ください。　□ 実名で可　□ 匿名で可　□ 不可

コムラサキ

1989年8月12日

実物が放つ紫の光は思ったより強烈だった。眩《まばゆ》く、深く、妖艶で怪しげ。コムラサキは当時小4男児だった私を驚倒させた。ほかのクラスメイトが知らないことを、ボクは知っている。ささやかな優越感に浸れた。

正確には発光しているのではなく反射しているのだが、それはオスだけの特徴で、メスは光らない。

比較的多産する本種は、オスの撮影こそ容易だったが、メスでは難航した。野山で見かけるコムラサキはオス9割以上、メス1割未満なのだが、雌雄の出現率は半々という説もある。私の経験ではほかのチョウでも、オスよりメスが少ないと感じる。あんなに惹かれたコムラサキのオスだが、撮影だと光らないメス探しに意識が傾く。

食草ヤナギ類の枝先では、メスとおぼしき個体が産卵中という場面を見る。ヤナギは成虫への樹液提供でも撮影者に貢献してくれる。オスは獣糞へも群れるが、アップで寄れるなら、あの黄色いストローにも注目だ。先端を数㎜曲げて、点ではなく線で吸っている。

オスの吸水集団。羽化後間もない時期によく見られる。紫の光を反射する群れは壮観。'22.7.21

食草の1種、オノエヤナギの樹液を吸いにきたオス2匹。下はシロテンハナムグリ。'22.7.18

ヒメアカタテハ　1989年9月23日

世界共通種のヒメアカタテハも、昆虫クラブ入部以降すぐには捕れなかった。成虫越冬種だが、やや暖地性の傾向があり、軽井沢では春先に少ない。初夏に出る新成虫以後、初冬の12月上旬まで活動している。晩秋にはヨモギやハハコグサへの産卵も観察できる。地面スレスレで腹部を曲げるので、まわりの草がかぶって絵づくりは難しい。

単に撮るだけなら山頂占有時がほぼ確実。午後3時を過ぎればアカタテハ（→53ページ）にやや遅れて飛来する。国蝶オオムラサキ（→130ページ）が最強と思われるナワバリ争いだが、唯一ヒメアカタテハだけはオオムラサキを追いまわす。何度見ても不可思議な光景だ。

彼らが山頂部に集まるのは、風に吹きあげられる説もあるが、風ならあらゆるチョウに影響するはず。しかし実際にいる種は限定的で、特定のメンバーがそろう。現れる時間帯まで決まっていて、無風でも山頂を目指してくる。逆説的には麓にたくさんいる種が、山頂にまったく来ないケースもあり、どうやって風を避けているのか説明に苦慮する。

マツムシソウで吸蜜。'17.9.21

ヨモギへ産卵。'22.10.28

ヨモギに産みつけられた卵。'22.10.28

左：獣糞で吸汁するオス。'19.7.24／右：リョウブで吸蜜するメス。'16.7.28

キバネセセリ　1990年7月23日

ずんぐりむっくりのセセリチョウ。ここ数年、急激に見かけなくなった。ちょっと前まではふつうにいたし、もっと前は多産種だった。主用食草はハリギリなどだが、吸蜜源としてはイケマを好んで集う。雌雄混合で、色気より食い気といった様相だ。

オスとメスがいくら近接していても、求愛シーンを見たことがない。オスは獣糞にも群れるが、登山道に転がる浅間石でも吸液していたりする。

意外と浅間石はミネラルを含んでいるのか？　エゾスジグロ（シロ）チョウ（↓24ページ）でも同様の群れを観察したし、かつての実家（山の中のホテル）でも浅間石を組んだ外装に、幾多のチョウが口吻を伸ばしていた。建材の含有物が目当てかと思ったが、石そのものに惹かれるようだ。

固形物から養分を摂る際、セセリチョウ科はポンピングすることがある。腹端からの排出液で固形物の表面を潤し、再びストローで体内に吸い戻す行為だ。ただ本当に対象の溶解を狙ったか、私にはわからない。

ソバ畑の片隅で、ソバの花に隠れるように止まっていた。'06.9.6

アサマイチモンジ　1990年8月13日

これを撮り逃すわけにはいかない！　軽井沢の地理的象徴「浅間」を名乗るチョウだからというのもあるが、何より近似のイチモンジチョウ（→26ページ）と比べ、めったに出会えないから……というのが本音。その気になれば毎年何十匹と視界に入るイチモンジチョウに対し、アサマは数年に一度がやっとのレベルとなれば、そりゃ燃えるわな……。少ない、めずらしい、子どもの頃からずっとそう思いつづけてきた。

ところがである。河川敷のような明るく開けた草地では、ピンポイントでアサマイチモンジが優位になる。森林部だけ見て、わちゃわちゃいるイチモンジチョウにうんざりしていないで、広い農耕地や川辺などの草っ原を探せば、アサマはけっこういるじゃないか！　それどころか近年、イチモンジチョウを見る機会が減り、アサマイチモンジの増加傾向さえ、おぼろげに感じるほどだ。それなのに昔からの癖で、ついアサマのほうを珍重してしまう。

トラフシジミ　1991年5月11日

季節型による外見的差異が著しく、説明によく引用される。裏面で明確に異なり、春型では白と濃いグレー、夏型では褐色の濃淡。いずれも虎斑《とらふ》柄《がら》である。翅裏を撮るだけならわりと順調。紫がかった紺色の翅表を求めたとたん苦戦を強いられる。必要なのはテクニックよりも気長な性格だ。

シジミチョウ科には閉翅時、左右の後翅をこすりあわせる習性がある。マニアックな悩みかもしれないが、シャッターのタイミングに迷う。カメラを被写体の真横につけ、まずは手前の後翅と奥の後翅が、もっともズレたときを狙いたい。

手前側の後翅が下限に位置する瞬間は、より多くの裏面を写せる。同じく手前の後翅が最大リフトした状態では、奥側の後翅表面第1室あたりをチラ見せする。両翼が重なっていない非対称感がどうにもスッキリしない。私の偏狭なこだわりなのか？　この件は関連してウラナミシジミ（→93ページ）などに続く。

左：春型。手前の後翅をもっとも下げた状態。'21.4.30／右：夏型。手前の後翅をもっとも上げた状態。'21.7.28

あまり落ちつきがなく、吸蜜でも長くはじっとしていない。写真はメス。'02.5.22

ツマキチョウ　1991年5月14日

春だけのチョウで5月〜6月が活動期。軽井沢の場合、6月は春なのか夏なのか微妙な問題で両方扱いしている。季節限定種だが、採集は難しくなかった。旬が限られるだけで個体数は多いからだ。

これが撮影では手を焼く。目の前にいるのに撮れない。吸蜜でさまざまな花を訪れるが、滞在時間が短いのだ。レンズを寄せる前にほかに移ってしまう。オスは探雌行動を始めると、頭の中はメスのことでいっぱいなのだろう。変則軌道でせわしなく、それでいて猛スピードでもなく、撮影者を振りまわしながら離れていく。「ねぇ、いったん落ちつこう！」おそらくいまの私では、ぜぇぜぇして深追いを避けるだろう。

それでも機材のスペックに頼りたくはない。動体追尾オートフォーカス、秒間何十コマ高速連写、手ブレ防止機能付きデジタル何倍ズーム……、これで撮れてなんの喜びがあるのか？

「俺は俺の腕で撮りたいんだよ……！」結局上級機を買えない者は、己れの努力で撮れっ！　てことか。

コラム　白いものに惹かれる？

不思議と、チョウは白いモノへの飛来が多い。偶然にしては頻度が高いのだ。

気にかけるようになると、自然のなかでも白いところを好んでいるとわかった。地面に落とされたシカの角にはルリタテハがいた。角を拾って少し移動させると、それを目指してルリタテハも移動する。手で追い払っても角に舞い戻る。明らかに意思をもった行動だ。

白といえば、雪も嫌いではないらしい。12月の新雪とキタテハ、2月の氷上にクジャクチョウ、3月の残雪にヒオドシチョウ、4月の季節外れの新雪にアカタテハ。ほかにもシータテハやエルタテハも直接雪に触れて止まる姿を確認している。白い色にどんな意味があるのか？　そもそも変温動物のチョウにとって雪上は冷たくないのか？　必ずしも吸水のためとは限らず、謎は解けない。

写真上段右から：シカの角にルリタテハ。'21・4・23／白いラジオにベニヒカゲ。'04・8・25／下段右から：新雪で吸水するキタテハ。'07・12・23／テニスコートでムモンアカシジミ。'97・9・20／白壁の家にヒオドシチョウ。'99・6・14

モンシロチョウ

1991年6月5日

知名度の高いチョウとして上位にくるモンシロチョウ。理科の教科書では昆虫の変態（とくに完全変態）の一例として取り上げられている。幼虫はキャベツを食害することで知られていて、厄介者でありながら身近にふれあえる教材だ。

だが軽井沢における白いチョウの目撃数では、ランキング上位ではない。春型ならなおさらだ。夏型以降の世代で数を増す。撮影は秋がラク。何日か雨が続いたあと、晴れて気温が上がった日には、思いがけず山奥へも入ってきている。

もちろん当町にもキャベツ畑はあり、撮影が必要至急の場合は優先して生産地をめぐる。発生源となればいなくもないが、こちらの立ち位置は通路が鉄則だ。防疫上の観点からも畑そのものに踏みこんではいけない。求愛、交尾、産卵といった営みも、長年追っていれば目にする。生長中のキャベツが並ぶなか、その葉に交尾中のカップル。モンシロらしさがあふれ出る。なんの変哲もない組み合わせこそが難しい。

食草は各種アブラナ科で、クレソンに産むこともある。

上：陽光を浴びて飛翔する春型のオス。黒色部は夏型より弱いので、ヒメシロチョウとの誤認に注意が必要だ。'23.4.20
左下：キャベツ畑で交尾中の夏型。'23.7.28
右下：クレソンに産みつけられた卵。'02.6.13

ウスバシロチョウ（ウスバアゲハ）

1991年6月11日

何かにつけ季節限定とは魅力的だが、5月～6月に季節限定で現れるウスバシロチョウにお得感はない。多産種の悲哀だ。

チョウとしては原始的な種で、系統的に古い順から並べる図鑑では1ページ目に掲載されている。アゲハチョウ科なのにその色や大きさ、名称からシロチョウ科と誤認されるのを避けたいのか、ウスバアゲハの別名がある。アゲハとシロチョウ、どちらの呼び方に違和を感じるか？　私はいまでも「バシロ」を使う。

飛び方は緩やかで、なんとなくやる気のなさそうな印象だ。ときどき見せるのはカッティング飛行。高位置を移動中、V字に翅を固定して羽ばたきを止める。重力に従って自由落下。地面に墜落寸前、再び翅を動かして横移動。自力で高度を下げるより速くてラクだ。

オスは交尾後にメスの腹端に交尾のうをつくる。ほかのオスと再交尾させないためだ。そんなメスへも強引に求愛し、交尾のうを外すオスもいる。

上：ハルジオンで吸蜜するメス。交尾済みを示す交尾のうが付いている。'19.5.22
右上：拡散を続ける外来種ハルザキヤマガラシで吸蜜する２匹。'99.5.17
右下：幼虫。食草ムラサキケマンの近くを這っていた。'21.4.20

飛翔する春型のオス。軽井沢は垂直分布の上限を超えるが、しばしば山頂占有に顔を出す。'15.5.2

アゲハ（ナミアゲハ）　1992年5月15日

きれいだと思う。子どもの頃の思い出をともなって、いまもことさらに惹かれてしまうのだろう。

はじめて展翅板に乗せたとき、よくいるキアゲハ（→66ページ）よりワンランク上の美しさを感じた。模様が繊細で整っている。数もキアゲハより少ない。ひとつの生物種名であり、グループ総称でもあるアゲハは、混同を避けるためナミアゲハの別名も用いられる。

特上の美しさを並と呼ぶには抵抗もあるが、画像データを「アゲハ」で保存すると、検索したときにすべてのアゲハがヒットしてしまう。固有名詞としてはナミをつけて保存するほうが無難だ。

標高1000m前後に広がる軽井沢は、基本的にアゲハの垂直分布の上限を超えている。キアゲハの圧倒的な勢力圏だ。

しかし、謎が山頂占有行動にある。少数派とはいえ春型のアゲハは、大多数を占めるキアゲハのナワバリに飛来する。ところが夏型では皆無といっていい。数は増すはずなのに、なぜか対春型比が合わない。

ヒオドシチョウ

1992年6月14日

成虫越冬種。おおむね3月半ばに飛びはじめる。年1化で、エルタテハ（↓44ページ）をライバルに山頂占有する。活発で数も多い。複数種複数匹が空中できりもみする姿は、バタフライストームと呼ぶにふさわしい。こんなとき、高速シャッターで一瞬を写し止める。

特筆すべきは各個体の触角だ。空中での彼らは体や翅を右へ左へ揺らして舞う。なかには縦一文字で急旋回する個体も写る。だがどんなに傾いた体勢でも、2本の触角は地面に対して水平に位置する。これは同様のシーンでアカタテハ（↓53ページ）、また低空飛行するモンキチョウ（↓11ページ）やキタキチョウ（↓70ページ）でも確認している。触角は平衡感覚を司る器官、あるいは姿勢制御装置かと連想させる。一方で触角を1本でも失ったチョウは、どこか飛び方がぎこちない。

ヒオドシは6月上旬には新成虫が羽化し、その後夏眠し、越冬もし、成虫期がもっとも長いチョウである。うまく生きれば羽化後の生存日数は12ヵ月に及ぶ。

近似のエルタテハはさびた鉄のような風合いだが、ヒオドシは熱く焼けた鉄を思わせる発色である。

緋色が美しい新成虫。'17.8.8

吸蜜もする。'18.6.4

触角はいつも地面と水平。'18.4.22

ウラナミシジミ　1992年10月22日

季節性移入種だが、すっかりなじみのチョウになった。どのステージ（卵、幼虫、蛹、成虫）でも軽井沢では冬を越せず、温暖な地域から拡散した個体が、当町へは秋に到達する。

そんな経緯だったから、続けて見られる年もあれば、10年ぐらい見かけない期間もあった。90年代末まで撮影は進まず、偶発偶産頼みだった。21世紀に入ると勢いがつき、夏から見られるようになってきた。いままでは探さずとも毎年あちこちで会える。尾状突起をもつシジミチョウで、トラフシジミ（↓85ページ）とは別グループだが、閉翅時に左右の後翅をこする習性は同じだ。どこで狙っているかわからない天敵に対し、後翅の突起を動かすことで、これを触角だと思わせるらしい。

しかも突起のつけ根には黒い斑紋もあり、念押しで複眼に似せている。そこを頭部と勘違いして攻撃してきた敵から、うまく逃げる戦法だ。この動作は多くのシジミチョウ科が共通して行なう。

ヤマハッカで吸蜜するメス。秋に数を増す。'23.10.2

草がかぶりがちで撮りづらい。左からメス、オス、メス。'23.10.2

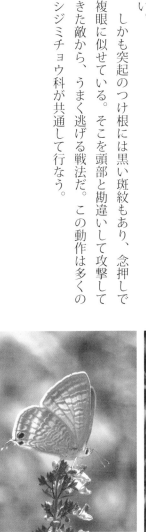

ムモンアカシジミ

1993年9月15日

ムモンアカシジミの幼虫は、若齢の頃はコナラなどの新芽を食べ、成長とともにアブラムシを食す肉食性になる。アブラムシは甘露という汁を出し、それをクサアリ類にエサとして与え、かわりにアリにボディガードをしてもらっている。

ところがムモンアカの幼虫は、甘露に似たにおいを出し、クサアリをうまく勘違いさせてアブラムシの群れに喰いこむ。巧妙なのはにおいだけ出し、実際には甘露など出していないところ。ちゃっかりクサアリに守られながら育ち、コナラの根元付近で蛹になる。

一方コナラにとって、枝先で繁殖するアブラムシは厄介な存在だろうが、彼ら（正確には彼女ら）に寄ってくるアリが一部の害虫を食べてくれると思えば益になる。このようなしくみのなかで自然が構成されていると知れば、観察はさらにおもしろくなるものだ。

いま、ムモンアカシジミはとても数が減っている。生息地も狭くなっている。複雑な条件での生息環境が必要なため、保護も保全も難しいと考えられている。

左：クサアリ類を利用共生する幼虫。アリに襲われているのではない。'21.7.12
右：ボタンヅルを訪花した成虫。晩夏のゼフィルスだ。'22.8.11

獣糞に群れている。フタスジチョウ（2匹）やイチモンジチョウ（1匹）の姿も見える。'03.6.30

ウラジャノメ　1995年7月10日

もっと早いうちに撮ってあったのだが、写真初心者で大幅に露出アンダー。すぐ撮り直せる安心感もあり、結局ここまで延びてしまった。

梅雨の時期が活動期で、薄暗い樹林内を行く遊歩道や登山道に点々と姿を現す。とにかく音には敏感だ。やぶの中にいるターゲットに迫るには、まず足の置き場を探るのだが、地表の枯れ枝をポキッと踏むと、ひらりと逃げられる。

ときには湿った朽ち木にも群れて吸水している。光線状態が悪い場所だから、ふだん以上にカメラをホールド。スローシャッターを駆使。せっかくの名場面なのに、カメラの作動音一発でウラジャノメは散る。フィルムの現像を待つまでもなく、1匹も写ってないことは明白だ。当時からミラーレスカメラがあれば、音の心配はなかったかもなぁ？

失態から幾年。何匹いるか計測不能な数で獣糞にて吸汁中の集団に遭遇した。群集心理なのか、シャッター音に逃げることもなく、過去の失敗を挽回した。

アイノミドリシジミ　1995年7月24日

ゼフィルスの本丸といえば、この類だろう。なかでも本種はグリーン系の輝きが強烈！　オスどうしのナワバリ争いもさかんだ。朝8時には始まっていて、午前10時頃にはパタッと終了する。ミズナラを多く含む高原の広葉樹林がすみかだ。

空中戦にはスピード感があり、登山道や林道のカーブ、分流点などに集中する。1匹が飛び立つと、あっちからもこっちからも続々スクランブル！　小さなチョウだが力強さがある。こちらは地上から見上げるだけだ。カメラを持っていてもどうにもならない。

あの美しいメタリックグリーンを見下ろすにはどうすればいいか？　アイノミドリシジミのテリトリーは町内各地にあるので毎夏ひたすら足を運び、条件のよいポイントを見つけるしかない。長年かけ、好立地の場所を特定した。翅表の金属光沢は正面やや上から向き合ったときにもっとも鮮やかに反射する。

ここへたどりつく前、徒歩2時間弱の登山をし、吸水行動のために舞いおりるタイミングを狙ったこともあった。効率の悪さに疲弊していた。「写真は足で撮れ！」我ながら名言（？）だ。

上：ナワバリを見張るオス。撮るときは前方上部から狙わないと、このグロッシーな輝きは写せない。'16.7.18
左下：翅裏はブラウン系。この写真はメス。'22.6.30
右下：背後から近づくとオスは金属光沢もなくマットだ。上と同一のテリトリーで。'16.7.18

吸水するオス。脚と脚の間から向こうが見えるローアングルで。'02.6.1

翅を休めるメス。頭部を中心に置くと、尾状突起がフレームのギリギリ。'15.8.16

オナガアゲハ　1995年9月5日

華やかなイメージのアゲハチョウ科にあって、少々地味っぽいオナガアゲハ。その名のとおり尾状突起がひときわ長く、アバウトに撮ると尻尾がフレームアウトし、入り切らない。スレンダーなチョウだ。

黒系アゲハは渓流沿いの湿地で吸水する習性があり、本種も例外ではない。吸水中は口吻のみならず、腹端も意識する。というのも、塩分などのミネラル補給で、不要な水分をオンタイムで垂れ流しているのだ。これを撮るにはシャッターが作動するわずかなタイムラグを逆算する必要がある。所定の距離までレンズを寄せたら、シャッターボタンを半押しして、水滴がタラッと出る間隔を頭の中で数える。ほとんど等間隔なので、「1、2、3、タラッ……」だったら「3」の「さ」でボタンを押す。フィルムを使っていた頃は、1コマ撮るごとに巻きあげレバーを回していた。逃げられないか冷や冷やものだ。黒いチョウが地面にいるシーンは絵的に映えない……、と嘆くことなかれ。本種は花にもよく来る。夏型なら盆花がおすすめだ。

メスアカミドリシジミ

1996年7月26日

森の宝石ゼフィルス。はじめて捕まえたグリーン系はメスアカだった。子ども心に驚愕！　見る角度によって翅の輝きがマットにもグロスにもなる。輝きのグラデーションは強弱をともなう。個体数でも本種は断トツ。網屋《あみや》（採集派）をフェイドアウトして10年、写真でも初の翅表を写せた緑はメスアカだった。

午前10時、テリトリーの主がアイノ（↓96ページ）からメスアカにかわる。この決まった日周活動もゼフの魅力のひとつだ。ギリギリ手が届く枝先でナワバリを見張る個体を選び、風を装って少しずつ枝を引き寄せる。片手でカメラを構えるから、何とか撮れてもピントは甘い。対策に脚立を持ち出す。現場まで運ぶのは苦労だが、一定の成果はあった。

彼らの金属光沢は、上空からの天敵、鳥への目くらまし効果があるといわれている。たびたび述べてきたシジミチョウ科の開翅では、そんな意味をもつケースもあるのだ。メスアカは終了時刻があいまいなまま、午後になっても特徴的な卍巴《まんじともえ》飛翔を続けている。特定の光を反射する構造色の鱗粉はオスだけにあり、メスの翅は色素色である。

オス。翅の輝きがわかるアングルを探る。'05.7.6

オスの翅表は後方から撮るとマットになるだけ。'03.7.9

オス同士のナワバリ争い、卍巴飛翔。'08.7.3

コジャノメ　1997年6月5日

今年は多いね……、少ないね……。年次変動を時候のあいさつにすることがある。が、50年単位で追ってはじめてわかる増減もある。

狭い話だが、私が卒園した幼稚園の斜め奥に、コジャノメはピョンピョン跳ねていた。小4時に見た事実だ。そのときは関心は高ぶらず、継続的に採集したいとは思わなかった。ところがカメラを携えて10年超。ちっとも行き会えなくなっていた。

97年頃、私はフィルムの大量投入に傾いた。その矢先、日常の散歩コースでコジャノメとバッタリ！　思わぬ再会だったが、あとが続かない。やがてまったく別の地区でポツンと1匹。草むらをかきわけ、納得のいかない1コマで惨敗。その後、写真は微増してきたが、撮った場所に共通点や法則性が見出せなかった。しぶとく歩きまわり、3年に1匹見る……、2年に1匹……、1年に1匹、そして1年に複数匹と、確実に安定化してきた。いまや再びめずらしくもないチョウの座に返り咲いた。

最近復活してきた。春型は上下に走る帯を境に裏面の地色に濃淡がある。'21.5.23

ノハラアザミで吸蜜するメス。新鮮な個体は敏感で近づけない。'15.8.22

オオウラギンスジヒョウモン　1997年7月16日

町外ではこれより10年も前に先行撮影してあったが、町内ではここで初となる。なぜシャッターチャンスがなかったのか、不思議なくらいだ。

軽井沢産のチョウでもっとも種名が長い。近似のウラギンスジヒョウモン（↓60ページ）が草原性で激減している一方、本種はそうでもない。草原を好みつつ、やや森林性でもあるのが幸いしたのかもしれない。

ほかの在来大型ヒョウモン類同様、夏眠の習性がある。オスは夏眠前の新鮮な状態を撮れるが、メスでは難しく、いまだ満足するカットが撮れていない。産卵期の9月後半～10月半ばにかけては、「いままでどこにいたの？」と思うほど野辺で見かける。

林縁のタイアザミ等でよく吸蜜しているので、かろうじて許せる度合いの飛び古したメスを狙う。木陰でド逆光。リングライトをどう光量調節しても芳しくない。本気を出して純正クリップオンストロボ改造。発光部を引っ張り出し、延長コードをかませてアームで吊る。多灯シンクロで勝負を決意させてくれた。

オオミスジ

1997年7月16日

樹々の梢を気持ちよさそうに舞っている。カメラを持ってからはご無沙汰したが、食草アンズ、ウメ、スモモなどが植えてある民家の庭先や、近くの道端で悠々と舞う姿を見かける。たまに下草に降りてくる個体を撮るのだが、午前中の早い時間がいい。出遅れると彼らは探雌行動を始めてしまう。

チョウの羽化期は基本的にオスが先で、メスは1週間~10日程度後だ。その間オスたちは性成熟に必要な成分を、花蜜や土壌などから摂る。弱いオスはナワバリ争いに負けるし、注意散漫なヤツは天敵に喰われる。自然界で淘汰されなかったオスだけが、のちにメスと出会う。つまりメスは強いオスとしか出会わない。

オスはほかにリードしたいあまり、まだ蛹でいるメスに群れることがある。この行為はホシミスジ（↓36ページ）やキタキチョウ（↓70ページ）にも見られた。その蛹がメスとわかっているのか？　複数のオスたちがまわりで羽化を待っている。もし中身がオスだったら……、気まずい。

下草で翅を休めるオス。
'97.7.16

中央にあるメスの蛹に2匹のオスが群れて羽化を待つ。我先に交尾したいようだ。'01.7.6

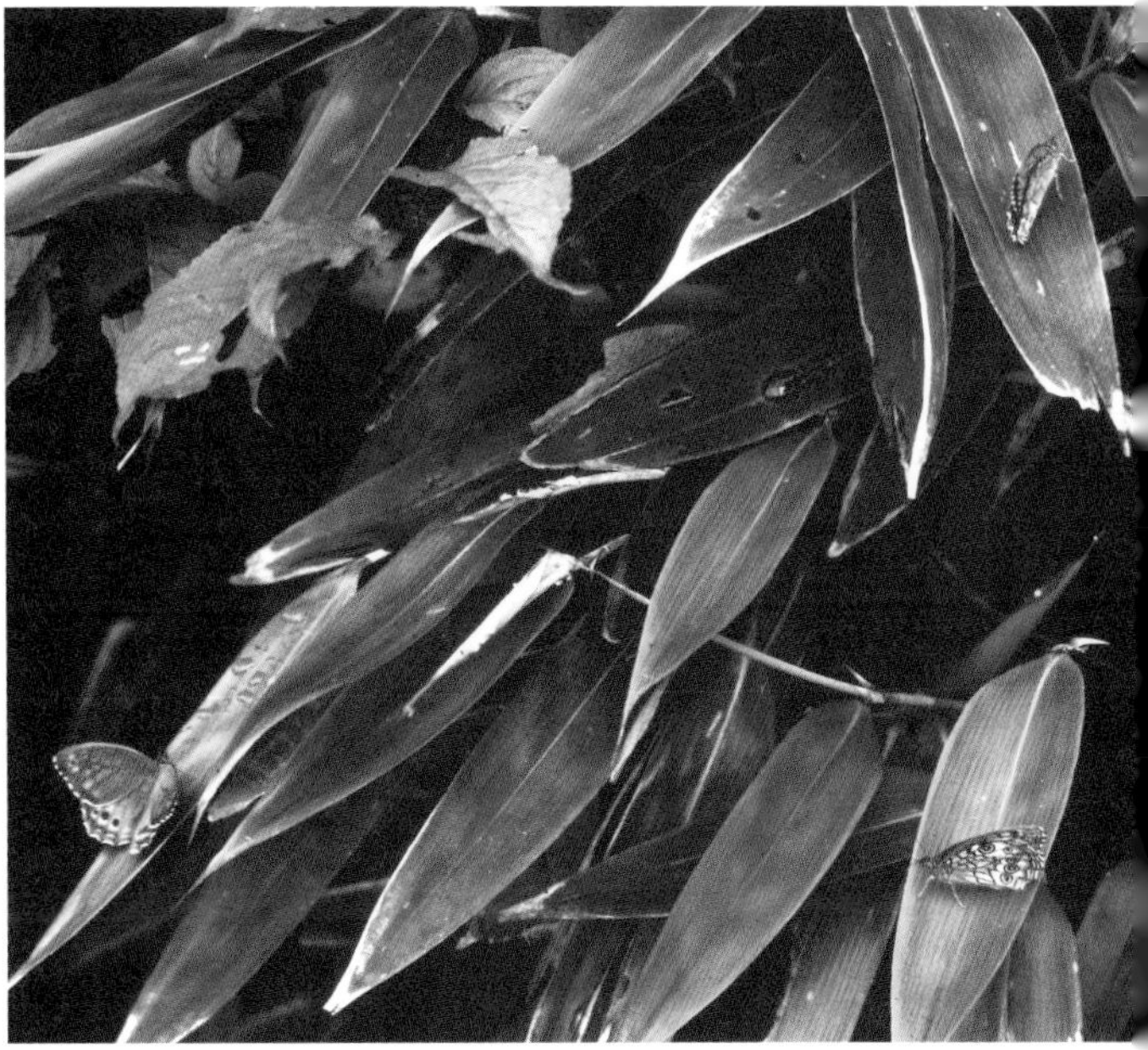

右：農地を囲む林縁の通路に点々と見出される。ここでは３匹写っている。'07.7.23
左：翅を開くメス。'20.8.3

キマダラモドキ

1997年7月29日

基本的に私は各種のチョウの生息地を公表しないし、人にも尋ねない。個人の趣味であり、写真家のはしくれとして、自分が撮りたい被写体は自分で探す。希少種の生息地を知られないために必要な措置だ。

ホームページを公開していた頃、乱獲や違法採集を許さず、場所情報を非公開とする条件で、保護意識を共有できる人にだけ、例外的に本種の生息地をご案内することがあった。一様に喜ばれた。近年自粛しているが、「キマモ」目当てのオフ会は、当日の天気さえよければ成功したも同然だった。

農地にめぐらされた通路の最外郭をぐるりと歩けば、点々とお出迎えしてくれていたのだが、どうも最近、目撃数が低下してきた。私のファーストショットは、フィルムの残り1コマを使い切ろうと、近所の広場をのんきに散策していたときである。こんなときに限っているんだコレが。猛ダッシュで家に帰り、新品のフィルムを入れて駆けつけるも、接写できず涙をのんだ。換えのフィルムを持ち歩く大切さを知った。

左：オスの翅裏／右：オスの翅表。撮影日は同じだが、別の山で午前・午後に分けて撮っている。'20.7.12

オオミドリシジミ　1997年8月2日

少年時代につくった標本は保管状態が悪く、だいぶ朽ちてしまった。アイノ（↓96ページ）やメスアカ（↓99ページ）はたくさん見ることで区別点を学んだが、こちら（*Favonius* 属）は僅少で、一段と難しかった。

オオミドリのオスは午前中にナワバリ争いをする。私も現場にお邪魔するが、午前10時には終わってしまう。夏の朝は彼らにあわせて動く。低位置で構えるオスがいるもので、場所さえ知っていれば翅表の光沢に寄れるのだ！

空中戦は気の荒さに加えて繊細さも感じる。ちょっと何かに刺激されると、ただちに攻撃的な態度をとる。そのため数日で旬は過ぎ、翅の傷みは早くから出る。天敵も多いのだろう。後翅肛角部がザックリ切れた個体も増す。やはり後ろを頭だと勘違いさせる戦略が効いているようだ。

午後にはそんな空域を離脱し、地表での吸水行動も見られる。絶好の撮影ポジションにたどりつくには、コツコツ地道に調べ歩くしかない。

オオチャバネセセリ

1997年9月30日

小学校の図書室にあった図鑑では、似た者どうしの区別点がよく図解されていた。そのひとつにイチモンジセセリ（→43ページ）とオオチャバネセセリがある。後翅の白斑列に明確な差が描かれていた。

それに倣《なら》って疑わしき茶系セセリを注視すると、まず100％イチモンジ。見分け方は知っているのに、現場でその知識が活きない年月が流れた。

ある夏の終わり、軽井沢より1000mほど高い、近隣の高原に出かけた。標高2000mのそこは、高山チョウのベニヒカゲ（→150ページ）を豊富に擁し、かたわらの山野草には、羽ばたく茶色の花びらも散見された。「ここにいるなら軽井沢にもいるはず……」そんな感想をもって帰宅。以降、町内での行動範囲を広げながらも、同じ場所へのリピート率を上げて巡回。

「いるじゃん！　オオチャバネセセリ！」ふっくらした翅形、ジグザグの斑紋列、そして長い触角。また一種コレクションに加わった。ちなみにイチモンジセセリは近似種中、もっとも触角が短い。

上：開翅するメス／中：クサフジで吸蜜するメス。上と中、2点同一の個体。'23・7・12／下：求愛。左がメス。'20・8・14

ミヤマチャバネセセリ

1998年6月1日

軽井沢産のチョウを全部撮る！　そう決心してはじめて実物を見たケースがある。本種も長らく意中になく、みずから車を運転し、町の隅々まで立ち寄れる年齢になって会えたチョウだ。

ススキをともなう川辺の空き地に沿ってすむ。オスのナワバリ意識は強く、ひとたび飛んでしまうと肉眼では見えない。加速時に行き先を広く視野に入れ、減速時に再び姿をとらえる要領だ。最高速での飛翔中は本当に見えない。

カメラを胸に河川敷の草むらで、身の丈の半分を出してあたりを見渡す。第1化はミヤマセセリ（↓75ページ）に次ぐ早期出現種だ。枯れススキに茶色いチョウは映えないが、未撮影種となればぜいたくは言えない。

第2化は盛夏の頃に現れる。ナワバリをもつと勝ったほうがもとの位置に戻るので、追わずとも待っていれば撮れる。マムシの潜む草っ原のため、足元を気にせずチョウに引っ張られるのは危険をともなう。

左：ススキに産卵している。'17.8.17
右上：上はオスの翅表。'23.5.10
右下：ヒメジョオンで吸蜜する第１化。'16.5.28

耕作放棄地の脇で野生化したコンフリーで吸蜜するオス。'16.7.2

コキマダラセセリ　1998年6月28日

地味な種類が多いセセリチョウ科では艶《あで》やかなチョウだ。雌雄ともに美しい。かつては身近にふつうにおり、子どもの頃から好きだった。ところが高校卒業後の進学・就職を経て軽井沢に戻ってからは、待てど暮らせど現れない。

「あんなにいたのに、どこ行っちゃったの?」

当町ではおおむね北東エリアから先にチョウは減じ、南西エリアで生きのびている。困ったら西か南を探れ！　これで何度も救われてきた。現にコキマダラセセリもそうなった。

もといた場所での再会は叶わなくも、町のどこかにいてくれたらうれしい。生息箇所がわかれば足繁く通う。撮影快調！　期待を裏切らないシーンが続いた。コキマの天国がそこにあった。

しかし夏が来るたび、ポイントはひとつ消えふたつ消え、およそ平成いっぱいで頼みの綱は切れてしまった。令和以降、見かけないコキマダラセセリ。本当の天国へ召されてしまったのだろうか?

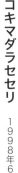

ヒメヒカゲ　1998年7月5日

町立軽井沢東部小学校の児童だった当時、高学年校舎の中庭で、見慣れないチョウを素手で捕まえた。それがヒメヒカゲだった。敷地内にヒメヒカゲがいる。こんな学校がいま、日本中探して何校あるだろうか？

セカンドコンタクトは高校時代、夏休みのバイト先だったホテルの庭先となる。いずれも単発で、目撃はこのあと続かなかった。

18年のブランクを経て3回目の接点で撮影した。草原性のなかの草原性。衰亡著しく、軽井沢産のチョウでは絶滅危惧のランクがもっとも高い。このおチビさん、翅裏の眼状紋や帯にバリエーションがある。90年代終盤、遭遇したチョウを撮るのではなく、積極的に探しまわる撮影に切り替えて、局地的多産種と知る。モデル選びに事欠かない場所を見つけたと思ったら、瞬く間に宅地化されてしまった。

前著でヒメヒカゲに関し、「以後留意するから、ここでだけ言わせてくれ」と前置きし、かなり辛辣《しんらつ》な発言をした。その約束もあるし、新作の執筆を想定してなかったので、今回はおとなしくしていよう。しかし私のシャッターは間に合ったが、この町で未来を生きる子どもたちは、自分たちの町にヒメヒカゲがいる……と誇れるだろうか。

眼状紋が後翅だけのオス。'98.7.16

翅表に眼状紋がないオス。'03.7.15

メスの翅表は眼状紋あり。'02.7.17

ヒメヒカゲは裏面の眼状紋に多様な変異があり、撮り比べてみてもおもしろかった。この個体は前後翅ともに眼状紋があるメス。'02.7.17

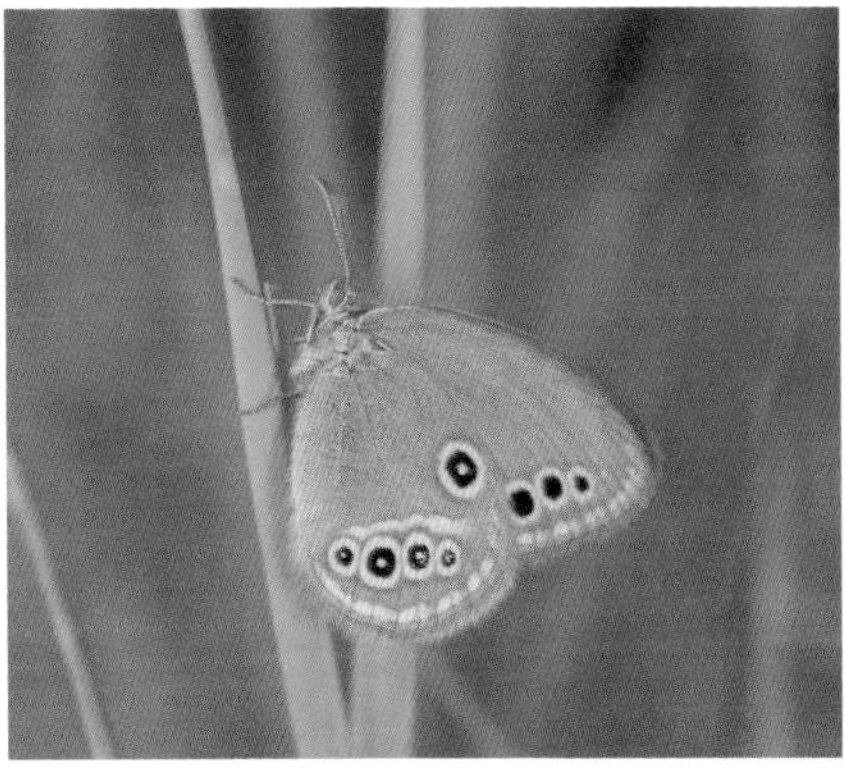

後翅にだけ帯状紋があるメス。'03.7.28

前後翅ともに帯状紋があるメス。'02.7.18

アカツメクサを訪花したオス。飛ぶと見えないほど素早い。'20.7.8

キマダラセセリ　1998年7月13日

飛ぶと見えないほど速い！　ミヤマチャバネセセリ（→106ページ）同様、フルスピードでの飛翔中は、どこにいるのかわからない。花から花へと移る際、加速時と減速時は追えるが、途中は消えている。視界には入っているのかもしれない。これが見える速度だったら、別のチョウを誤認している可能性が高い。

本種も草原性。樹林内では見かけない。撮影は吸蜜シーンが定番だ。数は少なく、同じ草っ原で複数匹見たら、そこは本種のみのためならず環境的に守るべき場所だ。分布は広いが、なかなかタイミングよく出会えない。

町内での撮影にこだわってチョウの種類を増やすとだけ追うと、だいたい80種前後を境に撮影にまつわるエピソードが重苦しくなってくる。そもそも撮影難易度が上がってくるし、軒並みレッドリスト掲載種になっている。楽しいだけでは撮れなくなる。ゆえに撮れたらうれしいが、その先短期間で絶滅？　という悲しみが待っている。

チャバネセセリ　1998年7月21日

イメージの湧かない存在だった。軽井沢にいると思わなかったし、図鑑に載る標本もパッとしなかった。

ある秋の終わり、いろいろ反省させられる出来事が起きた。視線の先にいるのだ、ヤツが。はじめて見る実物。1種類、自分の撮影コレクションに追加できる喜びに満ちたのもつかの間、電源を入れ忘れたカメラで、興奮のままシャッターを強打！　こんな凡ミスで撮れずじまいだ。

ぶつけようのない怒りはしかし、翌年の夏には解消する。再びいたのだ、ヤツが。あまりにも多いイチモンジセセリ（→43ページ）と混同し、私が細部の確認を怠っていただけなのか……。

フラットな気持ちで向き合えば、カラーは地味だがフォルムはスタイリッシュ！　いぶし銀の渋さではなく、前衛的なカッコよさ。イメージ一新！　この科ではおなじみの前翅半開、後翅水平の戦闘機スタイルは精悍《せいかん》だ。季節性移入種として、毎年秋になるとアウェイを偵察するかのように飛来してくる。

鳥の糞でポンピングするオス。みずからの排出液で糞を潤し、再び口吻から吸い戻す。'17.8.23

上と同一の個体。本種も飛ぶと目に見えない。油断していると一瞬で見失う。'17.8.23

スジグロチャバネセセリ

1998年8月4日

小柄だが発色は美しく鮮やか。近似のヘリグロチャバネセセリ（→46ページ）とよく比較されるが、外見だけをいうなら、この「スジチャ」のほうに魅力を感じる。オスには明瞭な性標《せいひょう》があり、「ヘリチャ」のオスとの識別は容易。メスでも翅脈が長く見えるため、小さなチョウだが伸びやかな印象だ。本種も、やはり大きな波のなかで増減があると実感する。小中学生の頃はなんらめずらしくなかったが、進学・就職のため5年ほど軽井沢を離れ、帰郷すると皆無になっていた。これが10年も続く。

探し歩くにも疲弊した頃、調べつくした場所でポツリと1匹現れた。そこから数年で増えてくると、呼応するように別地区でも多発。現在はかつてない勢力で、各所の林縁に沿う草地を彩っている。これと関係するのか？　逆にヘリチャは数を減らしつつある。

両種は翅を閉じてしまうとまず見分けられない。縁毛の色が違うとされるが、羽化直後から活動期末まで、鮮度は変わる。翅表を見ることが確実だ。

左：近似種ヘリグロチャバネセセリとは裏面だけでの見分けが困難。正確な同定には翅表の確認が必須。これはメス。'21.7.29／右：交尾。左がメス。'16.8.5

コラム　誤求愛

誤求愛（誤認求愛ともいう）は、本来の求愛相手以外への求愛だ。ほとんどのケースでオスが興奮状態にあり、見境なく猛アタックして徒労に終わる。他種のメスへの誤求愛のほか、同種のオスへの誤求愛も見られる。通常ならケンカに発展するのだが、なぜか双方じっとして様子見。拒否の意思を、メスが腹部を立てて示すようにオスは体勢では表せないのだろうか。

オスの情熱が行き過ぎた例としては、ウスバシロチョウ（ウスバアゲハ）がある。このオスは交尾後、メスが再交尾できないよう、交尾のうという袋状の物体で腹端を覆ってしまう（↓90ページ、写真左上ウスバシロチョウ）。だが意地でも交尾したいオスが根性で交尾のうを外し、再交尾に至るまでを一度だけ観察した。これは先に交尾したオスの交尾のうの取付け方が不完全だったせいかもしれない。

さらに道端で死んでいるメスへの交尾を試みるモンキチョウのオス、夏に活動を抑える夏眠前に交尾に及んだ成虫越冬種のスジボソヤマキチョウのカップルを見たこともある。これではメスの産卵期とタイミングが合わない。いずれにしてもオスが判断を誤っているように見受けられる。

上から：スジボソヤマキチョウが夏眠前に求愛し交尾成立。'06・7・31／ジャノメチョウのメスに誤求愛するクモガタヒョウモンのオス。'09・9・14

上から：ウスバシロチョウが交尾のうを外して再交尾。'05・6・3／死んだメスに交尾を試みるモンキチョウのオス。'23・11・27

ヒメジャノメ

1998年8月27日

稲作がさかんな地域であればめずらしくもないヒメジャノメ。近似種コジャノメ（↓100ページ）と同じ年2化のチョウだが、本種に季節型はない。コジャノメが薄暗い樹林内を好む一方、ヒメジャノメは明るい草地や農耕地周辺を好む。

県北部で私の親戚が農業を営んでおり、採集はもっぱらそっちで行なった。軽井沢にはいないのか？　いや、心当たりはある。軽井沢にも水田はあるし、標高の低いエリアなら出会える可能性は濃厚だ。そして、その推理は的中した。

上：ここしばらく見かけなかったが、久しぶりに会ったメス。'20.8.17
下：幼虫はイネの害虫とされたが、休耕田が増えた現在では、かつていた場所でも姿を見せなくなった。'19.10.31

農地を潤した水が近接する川へと流れこむ湿地を、90年代終盤から2000年ひとケタ代中盤まで、長靴持参で何度となく徘徊した。撮影し、順調にアルバムを埋めていった。

ところが、その後農家の高齢化が進んできた。田んぼは一反二反と減りはじめ、休耕地へかわってしまう。時を同じくしてヒメジャノメが現れなくなった。里山にすむ昆虫には、健全な農地が必要なのだが、農家の後継者不足も深刻な問題である。農地には食べものをつくり出すだけではない、多面的機能があるのだが……。

オオヒカゲ

1998年8月27日

そこは人間にとって厄介な土地だ。ぬかるむし、ふちは川にも近い。雨で増水すると水没して地形が変わる。そんな環境に自生するテキリスゲを主用食草とし、オオヒカゲはひっそり暮らしてきた。

人の背丈より高いアシに阻まれ、安易に入れないヤチ（谷地）。臆病で、すぐ隠れてしまうオオヒカゲは、知らずに踏みこむと思いがけずふわっと浮きあがる。あの大きさの翅のわりに体は小柄で、一生懸命羽ばたいているのに、ちっとも前へ進まない感じ。その飛び方がたまらなくいい。

それが過去の話になりつつある。河川沿いの湿った草地は、ある時期にきれいに整地され、何かの工事にともなう資材や土砂の置き場と化した。ハコモノが乗らないだけマシだが、オオヒカゲがいる……、テキリスゲがある……、多少の配慮はほしい。出会いは明解で覆らないが、別れはそれが最後になるとは知らずに訪れる。また明日、また来年、またいつか会えると信じたまま。

右上：アシの茂みで交尾。上がメス。'05.8.1
右下：卵。左の個体が産んだもの。'05.8.24
左：湿地を好むスゲ類、ここではテキリスゲに産卵。'05.8.24

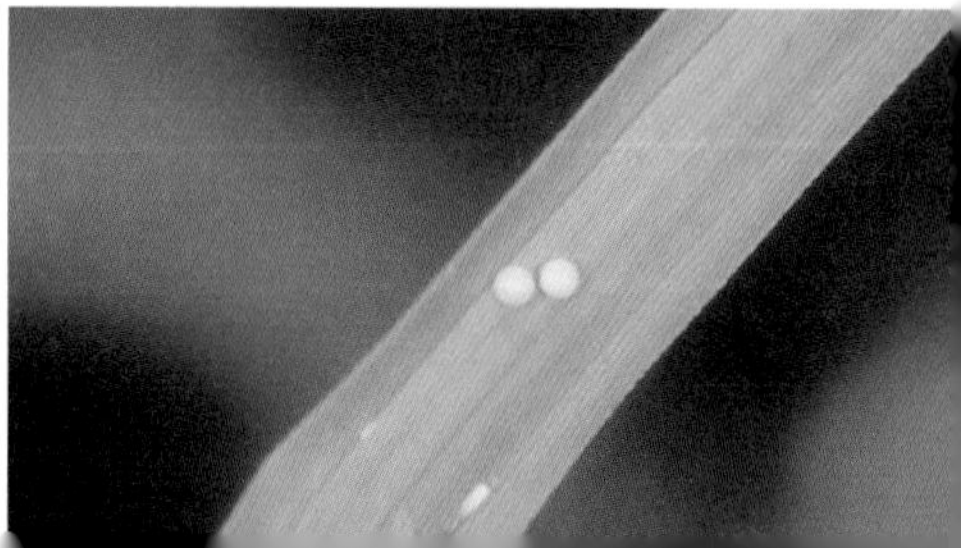

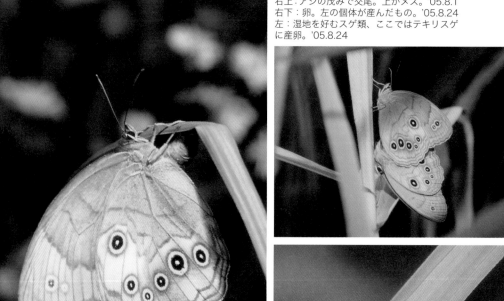

変な飛び方をする。慎重に近づいて接写した。四半世紀以上前のカットだ。'98.8.31

ウスイロコノマチョウ　1998年8月30日

チョウ類観察歴25年目の夏、ウスイロコノマチョウを撮った。南方種の北上はかねて聞いていたが、コイツを目にしたときは混乱した。

「どうして軽井沢にいるんだ？」よく見れば2匹。一発勝負では撮らせてくれなかった。翌日出直す。

一般にチョウは天敵からロックオンされないよう、上下左右にひらひら羽ばたく。これが本種だと体をよじるようにくにゃくにゃ、ふにゃふにゃと、奇異な飛び方をする。遠くへ逃げると思いきや、数m先に急降下。はじめて見る動きに翻弄されながら、どうにか写せた。構図だの背景の処理だの言っていられない。

そのときいたのは夏型。ならば秋型も出るか？　と、リピート率を上げて経過観察。およそ無駄になるとわかっていたが、行かないのは愛蝶家の名折れだ。依然として再会の場面は訪れない。偶然にもウスイロコノマに最接近して25年後の同じ日、なんの御縁か、もう一方のコノマチョウが降臨することになるのだが、このときは知る由もなかった。

左：ナワバリを見張るオス。'20.7.9
右：オスの空中戦。小さな体で毎日エネルギッシュに戦う。栄養源の補給や代謝をどうしているのやら？ '20.7.7

ジョウザンミドリシジミ　1998年9月1日

新規開拓で空白のエリアを埋めたり、既存の場所を調べ直したり、細心の注意を払って見出した1種。子どもの頃の行動範囲にはいなくて、標本は1匹もつくれなかった。もっとも少年期の私は、向こうから来れば捕るけれど、こちらからは行かなかった。「いない」は立派なデータのひとつで、結果が期待外れでも、実施して得られる事実は重要と、大人になって知る。

近似種の多い一群だが、なかでもオオミドリシジミ（→104ページ）とは外見だけでなく、日周活動も似ている。ともにナワバリ争いは午前中、10時頃まで。なぜ種が分化したのか、謎めいたキャラぞろいもゼフの魅力だ。

オスのテリトリーでは殺気立った空気があふれる。まわりを見渡せる枝先で、輝く翅を反射させ、ファイティングポーズで前脚を浮かせる。「何かあったらすぐ出るぜ！」

ほかの個体が挑発的に上空を横切れば、即スクランブル！　夏の朝、森の一角は騒々しい。

コラム　トラブル&アクシデント

生き物である以上、チョウだって予期せぬ出来事と無縁ではない。天敵に襲われることは日常茶飯事だ。なかでもムシヒキアブの類からは高頻度で狙われる。狩りの腕前が超一流の肉食性アブを相手にしては、チョウに勝ち目はない。

肉食性といえばハチもあなどれない。アオムシコバチはチョウの幼虫に寄生し、宿主が蛹になると外へ出てくる。自然界では必要にして起きる出来事である。

蛹になるまで順調に育ち、最終形態への変身で失敗する羽化不全もある。程度はまちまちで、下の写真のウスバシロチョウでは翅の展開時になんらかのトラブルがあり、4枚中3枚の翅が縮んだまま硬化していた。これでは飛べない。一方でモンキチョウ。後翅の片翼に羽化不全をかかえても問題なく飛び、食草の一種クサフジへと産卵していた。どうやら命はつながったようだ。

蛹化不全というのもある。幼虫の頭部が蛹の頂部に残っていたスジグロ（シロ）チョウを見た。

上段右から：コムラサキのメスを襲ったサキグロムシヒキ。'21.8.20／羽化不全だが飛べて産卵もできたモンキチョウ。'17.8.6／下段右から：羽化不全のウスバシロチョウ。'23.5.6／アオムシコバチが出てきたキアゲハの死蛹。'19.8.3／幼虫の頭部が残ったスジグロ（シロ）チョウの蛹。'09.11.6

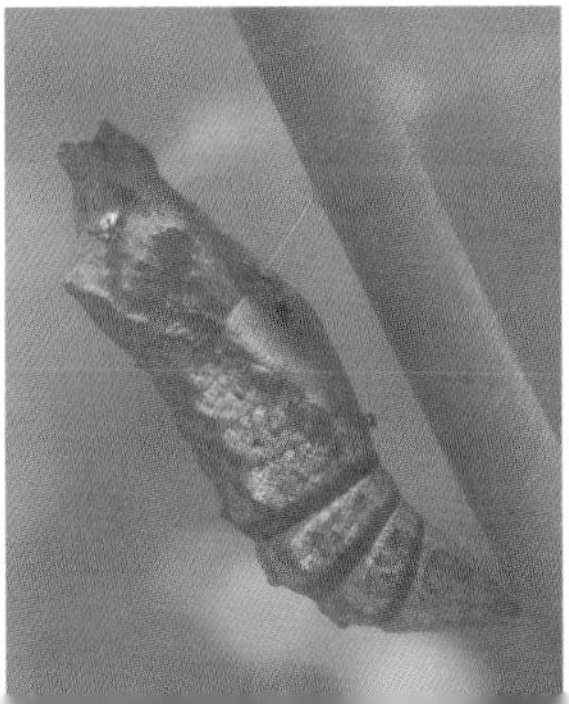

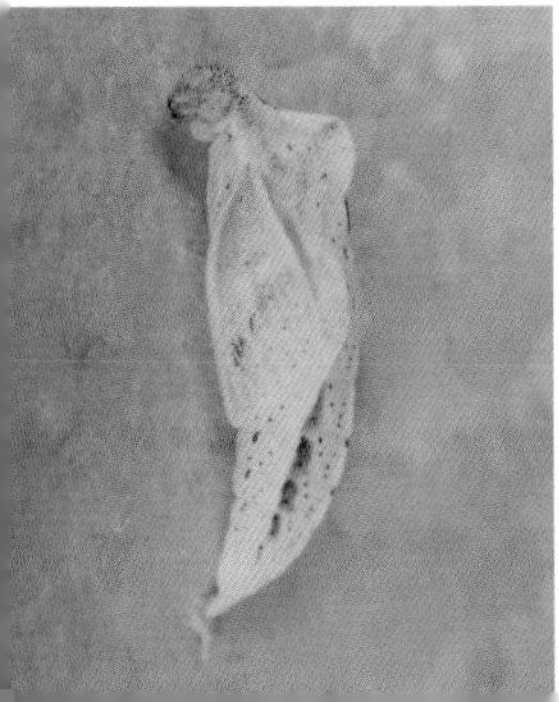

ウラギンシジミ　1998年11月14日

軽井沢では11月中旬ともなれば、晩秋から初冬へと風景が変わる。チョウの季節も終わりと思いきや、鱗粉の剝落《はくらく》したウラギンシジミ夏型オスと対面。偶発案件で処理したが、2000年代に入ると、偶然では片づけられなくなってきた。驚きと喜びで迎え入れるも、100％毎回翅の赤い夏型のオスだ。

やがて秋型のオスが併存するようになったが、相変わらずメスは現れない。食草クズの群落を処々方々訪ねてみたとて、高くなった青空に展開するプラチナシルバーの高速旋回は、いずれも一瞬の赤に落胆させられる。オスだけとはいえ、これだけの数がいる以上、前世代のメスが卵を産んでいたはず。粘りの散策を続け、ようやくメスにめぐり会えた。

やはりメスは行動パターンが違う。活動期はオスより後倒しになり、飛行高度も高い。低位置で開翅したメスを接写したときは、足がガクガク震えた。

碓氷峠《うすいとうげ》を下った群馬県横川《よこかわ》あたりではたいしてめずらしくもなく、関東の平野部だと多産種だ。のちにその秋型メスを、長野県八ヶ岳《やつがたけ》の東天狗岳《ひがしてんぐだけ》頂上付近、標高2600m地点でも撮影した。

晩秋の弥陀ヶ城岩（左）と石尊山。冬に向けてチョウが減るとか、ネガティブな先入観は禁物だ。現場に立つだけでも知見は増すし、思わぬ出会いもある。'09.11.21

下左：秋型メス裏。'18・12・4／下中：秋型メス表。'18・11・14／下右：夏型オス。翅表に赤い紋。'05・9・12

オスどうしの接近確認。排除行動とは違う雰囲気。'07.7.3

コヒョウモン　1999年7月23日

本種は町外で先行撮影し、生息環境を飲みこんだうえで、町内での居場所を模索した。「いるとしたらあの辺かな？」

予想は大当たり。以降、おびただしい数を毎夏撮影する。徒歩2時間の登山で堪能できる世界だ。正直キツイと感じはじめた頃、車で横づけできる多産箇所を見つけた。「なぜ物事はこういう順序で起きるのか？」

7月第1週は早めに羽化したオスの天下だ。といっても彼らはまだメスと会ったことがない。「キミってメス？」「いや俺はオスだ……と思う」「メスってどんなの？」「知らん！　見たことない」

7月第2週、待望のメスが羽化しはじめる。「なんか俺たちと違うぞ！」「これだぁ～！」歓喜の声が確かに響いていた。

後年、あまりにタイミングの悪い草刈りにより、大ダメージを受ける。摂食期真っ只中のコヒョウモンの幼虫は、生長期真っ盛りの主用食草アカバナシモツケソウをキレイに刈られ、丸ごと餓死に追いこまれた。

カラスシジミ　1999年8月2日

カラフルなメンバーが多いシジミチョウ科にあって、派手さのない本種。オスは前翅上湾部中央に楕円形の性標があり、雌雄の見分けこそ難しくないが、見た目が注目されるタイプではない。しかしどうあれ軽井沢のチョウの一員であり、手抜き撮影はいけない。

何度か、シャッターチャンスを棒に振った。理由はカメラを首から下げていたから。これはチョウを撮るにふさわしくない。左手はレンズのピントリング、右手はシャッターボタン。状況により膝や肘はすぐ地面につけられる体勢。こうでなきゃ。

それでダメならあきらめもつく。カメラのグリップ部のゴムは指の形に変形していく。急な斜面でも右手がふさがれるため、転ぶときは左手しか使えない。おかげでストロボのシュー接続部を何度も折った。

開翅の習性はないようで、いまだ裏面しか撮れていない。飛びを狙うが、デジカメを使うようになってから一段と出会わなくなった。この50年の観察歴で2006年だけ大発生した。

メス。ゼフィルスのような派手さはなく、あまり注目されないが軽井沢の大切な一員。'14.7.8

上：本種は年２回発生するが、オスはナワバリ意識が強く、吸蜜シーンでない限りじっとしていない。リョウブで吸蜜する第２化。'16.7.28
左下：ベニサラサドウダンで吸蜜する第１化。'17.6.16
下中央：ズミ（コナシ）で吸蜜する第１化。'20.5.28
右下：ミツバウツギで吸蜜する第１化 '15.5.27

アオバセセリ

1999年9月13日

独特な存在感。まず大きいし、色彩もほかに類似しない。セセリチョウ科のなかでは撮影順が最後になると覚悟していた。はじめて写した個体は活動期末で翅は破れ、輝きを失い、すぐには種名もわからないほどボロボロだった。とても憧れの姿ではない。

寸暇を割いての散策では成果もなく、一日かかるじっくり登山にシフト。これが功を奏したというべきか、見るだけなら確実となった。

が、写真には撮れない現実を目の当たりにする。何匹ものオスが山頂占有でブンブンうなっている。力強いナワバリ争いは、ひたすら無着陸で縦横無尽。これはパトロールタイプの典型で、スミナガシ（↓78ページ）のスクランブルタイプとは違う性格だ。しかもこのアオバは午前・午後を通して行なう。

そこで彼らのスタミナ切れを待つ作戦で、もっぱら午後からの登山を励行。それでもヤツらは止まらない。第1化はかろうじて吸蜜で静止するが、戦闘モードの解除はなく、私の接近を察し、カメラの射程から消える。タフで疲れ知らずなのはわかったから、「少しはこっちにも協力してくれ！」

アカシジミ　2000年7月16日

里山の普通種。図鑑をはじめとするチョウ類の書籍では、ゼフィルス入門の筆頭扱いだ。しかしこれが軽井沢では、そうはいかない。たしかに年次変動はあって、1ヵ所で複数の個体をサクッと撮れる年もある。たいていは中低木の林縁を渡り、単体でチラつく姿を目送するにとどまる。静止時を接写するチャンスはそうめぐってこない。

主用食草コナラの若木で、枝先への小まめな離着をくり返すものがいたら、産卵行動の可能性がある。アイレベルかそれ以下の高さなら撮るほうは大助かりだ。撮影できるだけでもありがたいのに、腹部を曲げて一点でじっとしてくれたら、なおありがたい。

母チョウは産卵後、尾端の体毛（?）や樹皮のゴミか植物片などを使って、卵をカムフラージュする。産卵場所での滞在時間が長いのはいいが、飛び去った瞬間、私も反射的に追ってしまう。「卵撮らなきゃ」と視線を戻したときには、どこに産んだかもうわからない。「たしかこの枝だったよな……」結局見つけられない。

全国的には普通種だが、軽井沢では接写に手こずる。'22.7.2

裏面の黒色帯は変異が多く、この写真も正常な個体ではない。'22.6.29

ミズイロオナガシジミ

2000年7月26日

雑木林のゼフィルスとして、アカシジミとともに普通種とされるが、軽井沢では思ったほどふつうではない。羽化の特異日があるようで、うまく当たれば「これでもか！」という数で下草に見出される。しかしそれはせいぜい三日天下で収束する。

モノトーンのチョウなのに飛んでいると水色に見えるのは不思議。裏面の黒色帯の変異が著しく、これを撮り比べるため、彼らが天下にある3日間に攻勢を仕かける。

適した雑木林は町の周縁部に多い。人も車もあまり通らない道路に面し、文字通り右往左往していたら、着実に写真資料を増やせた。

林内は私有地である。所有者がかわるタイミングで家が建つという流れはバブル期以降止まらない。1軒2軒と拓かれるたび、林は分断され、切り刻まれる。庭先に何本かのコナラを残しても、環境的に不連続で、本種が生息できる面積を満たさない。当町であまり見ないのは、冷涼な気候に適さないだけではなさそうだ。

ヒメキマダラヒカゲ　2000年7月27日

小学校への通学路にもいた。別荘地の辻の有刺鉄線から捕虫網を伸ばし、難なく3匹採集した。

その印象に長らく支配され、数の減少を知ったときの焦燥感といったらない。その焦りは徒歩2時間ほどの登山の末、これ以上は悪化しない状態になる。やっと1匹見つけはしたが、焦りを解消するには足を棒にする山歩きを毎夏くり返さなければならなかった。しかも同じ山をリピートするだけでは不充分。どんなにラクな場所を探しても、車を降りて1時間は歩く。

個体密度が低いところでは、足音や人影にも敏感だ。汗をぬぐいながら登ってきて、刺激しないよう遠目にシャッターをひと押しするが、たちまち逃げられてしまう。「そっち行かないで！」という方向をあたかも知っているかのように、翻弄《ほんろう》させせられてばかりだ。しかし私とてヤケになって深追いすれば、余計に結果を悪くすると自制できる年齢になった。

来た道をまた1時間かけて撤収。誰も入ってこない山奥で、クマよけのラジオだけが陽気に響く。

交尾、左がメス。地表がササで覆われた樹林内で見られるが、当町では数が少ない。'18.7.30

ハルジオンなどでの吸蜜が定番。林縁部や、樹林内での日当たりのよい空間に現れる。'03.7.31

幼虫。食草の一種クロツバラで。登山道の樹林内にいて簡単には見つけられない。'03.6.22

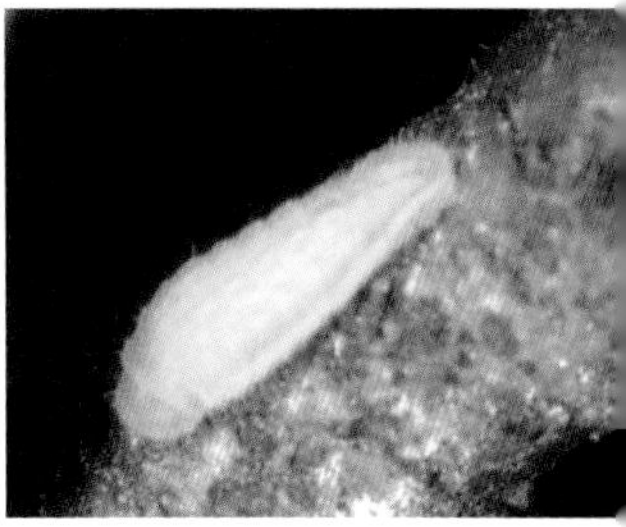

ミヤマカラスシジミ　2000年8月8日

語尾が「シジミ」か「アゲハ」かで、こんなにもイメージに落差があるとは、哀感を禁じ得ない。的を絞らず町内各地巡察していると、まず数年に一度、同一地点で佇む横顔を目にする。次いで別の地区で少し頻度の高い草むらを見つける。そしてようやく、毎年現れる決定的なポイントに到達。段階を踏んで本種とは距離を縮めていった。行きついたその地は一目で見渡せる面積なのに、カラスシジミも併存し、ゼフやブルー系、各種豹柄、滑空する白黒系、茶色のおチビさん、小粒なセセリ等々、飽きることのない楽園として私を魅了してくれた。

ここまでなら楽しい撮影行として語れる。だがそこは軽井沢。自然環境に優れた土地はヒトが放っておかない。春に、夏に、わくわくしながら通いつめたあの緑地は、行くたびに人工物で埋められていった。その悲しみに耐えられず、意図的に再訪しなくなって久しい。レッドリスト掲載種を含む無数のチョウがいた、過去の経験知だけが心の中に宝物として残っている。

ナワバリ争いするオス２匹。重量感ある巨体を軽々操る。他種も集中する箇所では圧倒的に強い。'23.7.24

オオムラサキ　2000年8月30日

20世紀最後の夏。年度いっぱいで管理人を辞めようと考えていた保養所には、裏手に広場がふたつあった。その奥側には甘ったるいアルコール臭を漂わせるコナラがあり、数年前からカブトムシや各種タテハチョウ科でにぎわう昆虫酒場になっていた。いつかは撮りたい日本の国蝶オオムラサキは、ここではじめてフィルムに収まった。

歴戦の証しで翅は傷つき、粉落ちも著しかったが、風采《ふうさい》に見劣りはなかった。不思議なもので、一度撮ってしまうと翌年にはほかの地区で、オスたちの吸水スポットを発見！　高貴な紫色を夏の日差しに反射させた彼らは、あの巨体を軽々と宙で操る。道端に舞いおりては接写寸前に急上昇し、肩で風切る勇ましさを披露する。圧巻は山頂占有だ。同等かそれ以上の開張を誇るアゲハチョウ科*Papilio*属のチョウを余力を残して排斥《はいせき》。外来種アカボシゴマダラ（↓153ページ）のことも、全力を使わず追い払う。中堅のアカタテハ（↓53ページ）など本気出すまでもない。ただ毎度ヒメアカタテハ（↓82ページ）にだけ、ケツをつつかれるようにあおられている。

左上：食草の一種エゾエノキで樹液を吸うオス。甲虫の王者カブトムシもいると絵になる。'23.7.29
左下：ナワバリを見張るオス。'15.7.12
右下：翅表が紫に反射するのはオスだけ。'01.7.13

アオスジアゲハ　2000年9月4日

また同じ独り言が口を突く。「なぜ軽井沢にいるんだ？」本種は遠い街、たとえば東京の市街地とか、もっと南、いずれにしても平地であり、暖地のチョウだ。寒冷な山間地には縁がない。はるかなる異郷の産物を、まさか地元でとらえる日が来ようとは、少年時代の私なら狂喜乱舞しただろう。

偶然迷いこんだチョウの2例目、3例目を追撮し、写真のクオリティを上げていくには、その飛来と吸蜜などのタイミングが、こちらの行動網にピタリと重なった瞬間でなければならない。

このきわめて難しいミッションは、思わぬ場所でクリアすることとなった。またも山頂である。飛来源は関東の平野部だろう。碓氷峠を越えて入ってきた一群は、在来のチョウたちと同じく、ナワバリをもって特定の空間をパトロールする。単体ならわりと緩やかに舞うし、飛翔コースも決まっていて、撮るには好都合だ。そこへ2匹目、3匹目が絡むと、急加速で排除行動に移る。カメラのフレーミングが追いつかない。

右：2000年代に入ってから目撃頻度が増してきた。いまでは見かけても驚かない。'21.8.30
左：矢ヶ崎山から見た関東方面。転落防止に一役買っていたトウゴクミツバツツジが山頂に。なぜか近年伐採された。順光となる時間を待って撮る。夏はヤマビルに注意。'11.5.24

左：オスには見晴らしのよい位置に陣取る習性がある。'15.8.3
右：翅を開いて止まるメス。本種の名前はメスの模様の特徴に由来する。'07.9.26

ツマグロヒョウモン　2000年10月21日

もともと西日本のチョウ。いまでこそあたりまえに町内でも見られるが、「在来大型ヒョウモン類」といった場合、本種は含まない。90年代後半、急速に分布を東へ広げ、高緯度・高標高地での目撃記録は新聞沙汰にもなった。温暖化の影響ともいわれるが、食草スミレ科なら園芸種でもつき、ガーデニングブームもあって、人為的に拡散したとの説も存外的外れではないとみる。軽井沢にやって来るのも時間の問題だった。

そんな心の準備があったにもかかわらず、はじめて見た実物はメスで、マダラチョウの一種と勘違いし大興奮してしまった。時は20世紀最後の秋。町内すべてのチョウを撮るという目標からすると、1種類追加できたものの、ひそかな目標、100種には届かなかった。ちょうど本の出版が視野に入りはじめた頃だったが、実現まではさらに15年の道のりが待っていた。

幸いインターネットの登場で、ホームページという発表の場が先にできたのは、予想してなかった時代の変革。21世紀の幕開け直後に、公開をスタートさせた。

上：ミヤコグサで吸蜜するオス。初夏の訪れを予感させるチョウだ。'16.6.10
下：本種は写真下のヒメシジミと比べて明らかに大柄。オスでは青色部の境が不明瞭。ナワシロイチゴ（サツキイチゴ）で吸蜜。'17.7.2

アサマシジミ　2001年7月4日

地域の象徴「浅間」を名乗るのに、どこか遠い存在。そんな子どもの直感的な印象はけっこう当たっていた。近似種ヒメシジミ（↓28ページ）との違いが、ほぼ理解できなかった。アサマシジミとおぼしきチョウをいくら精査しても、例外なくヒメシジミの個体差。「ホントにこんなチョウがいるんか？」

21世紀が明け、遅ればせながらネガフィルムからリバーサルフィルムへとギアをチェンジし、一段と熱を上げて立ち寄った未踏の草っ原。車を降りるや目についた、前面ぶどう色のそれは、「アサマシジミだ！」しかも「いっぱいいるじゃん！」

現場で個体群を眺めた瞬間、あれほど難しかった見分け方が一発で飲みこめた。すると他地区に点在していることもわかった。この距離なら遺伝的多様性も保たれていそう。面積は小さくとも、数と位置関係で補う感じだ。

しかし問題は起きた。またも草刈りのタイミングだ。幼虫が食欲旺盛な時期に、食草ナンテンハギもろとも草が刈られた。悪い偶然は重なり、この草刈りが複数箇所で相次ぐ。いまや名峰「浅間」を冠したこのチョウは風前の灯だ。ヒメシジミとの区別点を知っていたとて、活かせる場がない。誤解しないでほしいのは、草刈り自体はとてもよいこと。それなのに……。

V字開翅。もっと完璧な水平開翅をいつか撮りたい。'10.7.30

たまに見かけても翅裏を撮るだけでやっとだ。'07.7.27

ウスイロオナガシジミ　2001年7月9日

慣れ親しんだ山でも、知ったつもりになるのは尚早。そう教えてくれたチョウだ。

新たな発見など望まず、既知の種の撮り増しや撮り直しに踏み入った登山道で、お初にお目にかかります、とウスイロオナガシジミがポツリ。驚きや喜びとあわせて、妙な納得感をもって撮影。偶然の産物ととらえ、先に進もうと視線移動するとまた同じチョウ。これまでの自分の観察不足を反省した。

21世紀になって使いはじめたリバーサルフィルムは、露出設定がシビアで、扱いに慣れるまで試行錯誤していた。本種の初撮影となれば失敗は許されない。お値段もお高めのリバーサル。保険のための類似カットはせいぜい5コマまでだ。山地性で、軽井沢ではおおむね標高1500m前後のバンドに多い。下限は1000m程度と思われる。

撮影コレクションに思わぬ1種を追加し、いよいよ大台の3ケタに王手がかかった。記念すべき100種類目はあのチョウだと奮起した。季節もピッタリだ。

ウラキンシジミ　2001年7月10日

念願の100種類目を撮りたい！　種を定め、確実な目撃記録のある山へ登る。早く現着しないと、活発に飛びまわる時間帯になる。まだ若かった私は、多少の体力にまかせて山路を邁進した。「今年こそアイツを撮るんだ」不退転の決意で臨む。

……と！　行程の半分にも満たない場所で、足元にチラつくチョウ。ウラキンシジミである。約20年ぶりに見るそれは、もちろん未撮影。羽化不全で翅に問題のある個体。

「ここで100種達成しちゃったよ」

なんというか、そんなにうれしくはなく、「なんでいるんだよ、こんなときに……」的心境になった。

後日、そして後年、別の場所で別の個体を写したが、たしかに数は多くない。いる山域も限られる。車で立ち寄れるようなところではほとんど見られない。会いたいと思うほど平易には現れず、とくに用もないときにひょっこり遭遇。「そんなもんだよねぇ」

本来の活動時間帯は夕方、下山する頃に姿を増す。

見られる山域は把握しているが、車を降り、歩く速さで見ないと見過ごす。'09.7.30

ミヤマモンキチョウ

2001年7月10日

浅間山系に生息する高山チョウの一種。かつてはアサマモンキチョウと呼ばれていた。これぞ記念すべき100種類目を飾るチョウのはずだった。このときすでに自前のホームページを公開しており、軽井沢からの情報発信に、アサマモンキチョウがないなんて薄っぺら。そう思われたくなかった。

今日こそ意地でも撮る！　私の鼻息は荒かったろうが、途中ウラキンシジミに遊ばれて、現地への到着は少々遅れてしまった。撮れたけれど遠目に小さく写せただけ。このとき対ミヤマモンキチョウ戦は始まったばかりだった。長野県の天然記念物で、昭和50年以降採集禁止。軽井沢町を含む各自治体でも採集禁止になっている。違法採集を防ぐべく、私は一時期、巡視活動に加わっていた。

そんな役得もあってか、写真は過不足なく得られた。浅間山一帯の地理もだいぶ把握できた。懸念材料は平地のモンキチョウ（↓11ページ）が高山帯まで上がってきて、誤求愛するシーンがたびたび見られることだ。

左：ハクサンフウロで吸蜜するメス。本種はかつてアサマモンキチョウとも呼ばれ、浅間と白山の共演となった。'03.7.22
右：ネバリノギランで吸蜜するオス。'12.7.11

オスの翅裏。小さなチョウだがナワバリ意識はもっていて周囲を見張る。'10.7.28

同一の個体。めったに出会わないので、見かけたら一度に表裏両カット撮っておきたい。'10.7.28

ホシチャバネセセリ　2001年7月25日

この年、勢いでフリーランスになった。だからこそ、100種以上を撮影できたのはもちろん、さまざまに貴重な体験ができた。だが目標の撮影種3ケタ達成を機に、迷いが生じてきた。「どれだけ撮れば終わるんだ？」「これ以上続けてどうなる？」もうやめようかと弱気になっていたのだ。

そんな心でふらふらさまようススキっ原。奥でちょこんと佇む茶色の小チョウ。「ホシチャバネセセリいるじゃん！」しばし戯れにシャッター。別れ際、「まだいるぞ、あきらめんなよ！」そんなセリフを残して飛び去ったように思えた。思えば何かの節目ごとに気持ちが揺らぐたび、チョウのほうから叱咤激励された。

軽井沢産のチョウでは最小。飛べばハエのようだ。レッドリスト掲載種としてのランクも高い。生息する標高域は1000mより上だ。草原性で、ほんのわずかな原っぱが命綱。最後に見てから、10年以上が経つ。もういないかもしれない。セセリチョウ科の最難種はアオバではなく、ホシチャバネセセリだった。

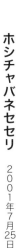

食草オニグルミの付近にいることが多いので、やはりオニグルミの実と組んで撮りたい。'14.7.31

オナガシジミ　2001年7月27日

ゼフィルスの一翼、オナガシジミのグループは、本種が命名上のベースとなる。これを撮らずにミズイロオナガシジミ（↓127ページ）とウスイロオナガシジミ（↓136ページ）があっても、シリーズとしては未完結。だから一刻も早いコンプリートをと焦っていた。

7月下旬、「今年も撮れなかったなぁ……」あきらめムードでまったくの別種の生息地を巡回。ふと見上げると正体不明の小型メカのようなオナガシジミが、オニグルミの樹冠で交錯する。なるほど！〝夏の夕刻、活発に乱舞す。〟とある図鑑の記述は正しかった。そのときのポジションからは撮影できないので、いったん退き翌朝出直した。下草でじっとしているものをそっと撮影。21世紀最初の夏が終わった気がした。

習性がわかってしまえば、そちこちで行き会う。リバーサルフィルムの扱いにもすっかり慣れたこの年、15年間の苦楽をともにした初代マイカメラが臨終を迎えた。よく頑張ってくれた。

ヒメシロチョウ　2002年8月27日

2代目マイカメラは時流に逆らうように銀塩カメラを購入した。外観も機能も古典的なマニュアルフォーカス専用機で、あらゆる操作が手動だ。フィルムの装塡をほぼ自動でやってくれるオートローディングも、フィルムを自動で巻きあげてくれるワインダーもない。気持ちを新たに迎えたシーズンだが、この年はたった1種の追加にも苦しんだ。8月も下旬となれば経験的に無理とわかる。空も高くなり、夏を連れ去ろうという頃、か弱そうな白い妖精が舞いおりた。町外では毎春毎夏、飛び狙いでシャッターを連打した相手だ。やっと町内でもめぐってきたチャンス！

静止時の翅裏は1コマでもあればいい。飛翔中の翅表が絵として欲しい！　草むらをあっちへこっちへ走って追う。左手でピントを合わせながら、右手でシャッターを押すたび、巻きあげレバーを動かす。ファインダー越しに目は離せない。そばを川が流れているので、足元にも注意だ。

ここでデジカメに移行しなかったのは失策か？

右：静止時に翅を開く習性はないようで、飛んでいるところを狙う。'03.9.5
左：アヤメの花びらに口吻を伸ばす夏型のメス。'12.7.15

ミドリシジミ　2002年9月12日

ミドリ系ゼフィルスのネーミング上の基幹種。軽井沢にもいると知ったとたん、勝手に重荷を背負った気がした。コレクションに欠かせないが、必要な写真の点数が他種の比ではない。まずオスの翅表の金属光沢は必須で省けない。加えてメスの翅表は4系統あり、すべてそろえるなんて夢のまた夢だ。

愛蝶家の嗅覚を研ぎ澄まし、第1発見地から少々離れた場所で多産スポットを見つけた。この第2発見地こそ貴重で、異常なまでにメスの密度が濃い。あっけなく4系統を写せてしまった。

軽井沢ではO型とB型のパターンが大半で、8割方はこのどちらか。AB型も待てば現れるし、丁寧に1匹ずつ確認すれば、最少のA型も難くない。あらゆるチョウを鑑みても、メスだけでこの個体密度はほかにない。晩夏のケヤマハンノキの林は、西に傾いた太陽に照らされる頃、下草周辺が大にぎわいとなる。

最後の重荷はオスの開翅となった。こちらは同じ場所での朝がおすすめ。8月下旬でも足を運んで大正解だ！

上：オス。背後からでは光沢がない。'20.7.21
下：翅裏。上と同一の個体。'20.7.21

メスには４パターンの模様がある。
左上：A 型＝燈色斑を現す。'10.8.27
左下：B 型＝青色紋を現す。'21.8.24
右上：O 型＝燈、青どちらの紋もない。'13.7.30
右下：AB 型＝燈、青どちらの紋も現す。'06.8.23

やはりオスの翅表は前方上部から撮りたい。夏の朝が狙い目。'08.8.29

ウラクロシジミ

2003年7月4日

予期せぬ出会いはあるもので、軽井沢でのチョウ類観察50年で、たった一度、そのときだけ、お互いに居合わせて写せた奇跡の写真だ。

日頃通いつめている神社の通路。参拝目的ではなかったが、御利益があったのか？　それは風に舞う紙きれのようだった。すぐにはわからなかったが、意思をもって羽ばたいていた。パールホワイトの翅表をチラ見せし、ゼフィルス特有のキラキラ感を振りまく。こんなチョウはヤツしかいない。

「ウラクロシジミだ！」

最低限の証拠として裏面だけ押さえた。私が知る本種の生息環境は、親戚が住む長野県北部の豪雪地帯。主用食草マンサクを多く含む、広葉樹林を貫く林道が思い浮かぶ。夏の夕方、いくらか暑さがやわらいで、刻々と木陰が伸びてくる時間帯。ほの暗いやぶの奥で一瞬キラキラ……、あっちでキラキラ、こっちでキラキラ、まるで流星群の夜、流れ星を探す感覚だ。

オス。奇跡的タイミングで撮れた1枚。軽井沢でのチョウ類観察50年でこのときだけ出会えた。'03.7.4

左：オスの翅裏。'15.6.22
右：食草コマツナギで吸蜜するオス。平成いっぱいで消滅した可能性が高い。'16.7.14

ミヤマシジミ　2003年7月11日

軽井沢町と周辺市町村の境がどこを通るのか？　キッチリ確かめる必要があった。軽井沢のチョウ全種撮影を志すにあたり、厳密に撮影地を定義するため、「ここをまたいだら隣町」という地籍境を明確にし、ギリギリ当町の際まで迫って、やっと本種を見出した。

食草コマツナギに強く依存し、ホットスポットでは多産する。移動性は感じられず、自力で新天地を開拓しているとは思えない。多化性で、高温期のメスはコマツナギの頭頂芽付近に産卵する。一方、秋には冬越しに備え、根元やまわりの地面に腹部を挿しこむ。

レッドリスト掲載種としてのランクは高く、居場所を見つけ出すまでが長かった。

たどりついてさえしまえばやることはラクで、飛揚もせず、撮影に協力的なチョウだ。地権者からの理解も得て、ピンポイントでの環境維持を続けていただいた。しかしこれが、平成いっぱいで消滅したようだ。その場所は変わらなくても、コの字形にまわりを囲む地所が宅地化された。延命措置もここまでか……。

誰にも手入れされない空き地で、野生化したブッドレアから吸蜜するオス。'19.8.26

クロアゲハ　2003年8月25日

町内ではじめて見たときは大人げなく大興奮した。精神的には子どもだからだろうか？　カラスアゲハやミヤマカラスアゲハどころではない、憧れの大スターが庭先の花壇にいるのだ。大慌てでカメラを準備し、ストロボの同調範囲を無視してシャッターを切った。当然、まともに写るはずもなく惨敗。これでは撮影済みにカウントできない。

そこから8年、やっと成功した。軽井沢にも、どうやらまったくいないわけではない。探し方に問題があったのだ。ほかの黒系アゲハと異なり、樹林内を好み、あまり表に出てこない。山頂占有にも深く関与しない。飛行高度が低く、地を這うように樹間をすり抜けてくる。頭上では幾多の猛者たちが渦を巻き、乱れ吹雪の様相で舞う。カメラも視線も上へ向けていれば、まず本種には気づかない。蝶道をぐるぐる巡回する習性があり、一定の間隔で同じ方向から現れる。

黒は黒でも本種はフォーマル。オナガアゲハ（↓98ページ）はカジュアルだ。

サトキマダラヒカゲ　2004年6月24日

名前からくるイメージに惑わされた。50年以上も前の図鑑に載っていた「キマダラヒカゲ」が2種類の混同とわかり、ヤマ、サト……に分化されたことは周知の事実。子どもながら軽井沢は山であり、里ではないとの思いこみと、実際町内で採集した標本はすべて、〝毎度おなじみ「ヤマキマ」でございます……〟とき た。一度信じたら疑いの余地を挟めなくなった。

それでも、目が肥えれば微妙な個体と出会い、違和が生じる。外見的差異より生態的差異が気になった。すでに熟知しているヤマキマと比べ、「サトキマ」と思しき種はやや発生期が遅い。見られる山域も限られる。私の見立てでは、町内最低標高域から亜高山帯まで、まんべんなく見られるヤマキマに対し、サトキマは中間バンドのみに混生帯がある感じだ。

じつは過去にごくわずかだが、採集も撮影もしてあった。自信をもって別種と認識できたのはこの頃。撮影順で9番目のヤマキマ（→21ページ）とこのサトキマには、ちょうど100種類の開きがある。

通常は翅を閉じて止まる本種。たった1個体だけ、開翅して静止する習性のものと出会った。'16.6.18

ヒョウモンチョウ（ナミヒョウモン）

2004年6月24日

世の中にはさまざまな分野でシリーズものがある。その第1作を知らずに2作目以降を詳解できても、なんだかものたりない。

ヒョウモンチョウのなかのヒョウモンチョウ。まぎらわしいので「ナミヒョウモン」の異名がある。実際は「並」ではない。撮影順でヒョウモン類のトリになるぐらい、接触は困難だ。これをさらに難しくするのが近似種コヒョウモン（→122ページ）の存在。混生地ではコヒョウモンが圧倒的な幅を利かせる。このなかにヒョウモンチョウなどいないかのように。

疑わしき個体をまれに見かけても、個体差の範囲か？　それとも別種？　と悩まされる。現場で判断できず、写真を事後鑑定しても答えが出ない。

「今度こそコヒョウモンと違うんじゃないか？」あるときそんな翅表のオスに遭遇。緩斜面の草むらを風にまかせて遠く近くに飛んでいる。足元を見ず、宙を舞うオレンジだけを見つめて走る危険は承知のうえだ。「くそっ、飛べない俺の身にもなれ！」二本の足で坂を上下し、息切れとともにでも押さえれば、体の疲れもラクになる。

メスの裏面。'16.7.7

本種オスとヒメシジミのメス。'20.7.8

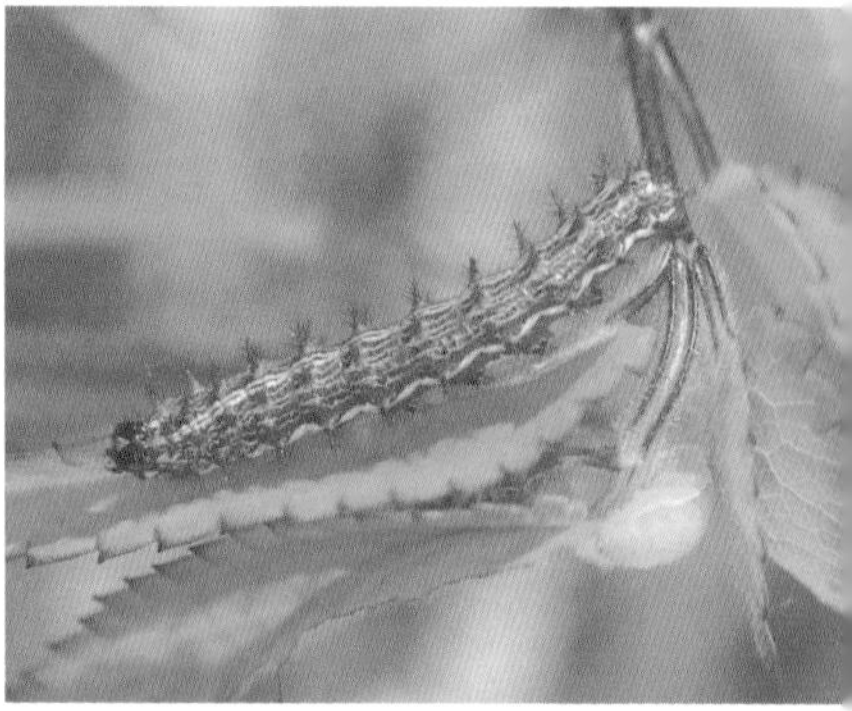

食草ワレモコウで幼虫（上）'17.5.19
と卵（下）'16.7.4

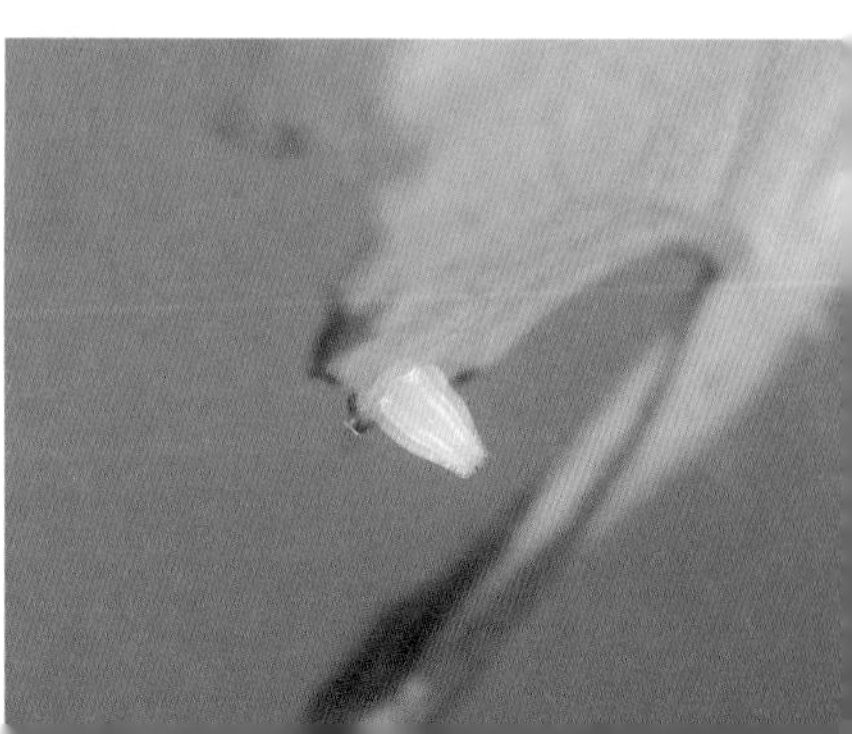

晩秋に飛来したオス。当町では暖地からの移入種で圧倒的にメスが多い。'16.11.22

ムラサキシジミ

２００４年６月30日

暗中模索の撮影行に重い影を落としたムラサキシジミ。眼前に未撮影のムラサキシジミを据えながら、健闘虚しく撮り逃した。暖地性の本種では、一期一会に終わって当然。悔しさをバネに翌日同じ場所へ出直しても再会は叶わない。ついこの間のことのようでこれはもう20年以上前の話だ。

軽井沢のチョウの全種撮影が事実上不可能なわけは、大きくふたつある。対象種がすでに絶滅しているケース、そして新たに暖地性のチョウが次々と北上してくるケース。これらの要因により、未撮影種の数が増えるのは心痛だ。

幸か不幸かムラサキシジミは町内でも見かけるのがふつうになってきた。毎年連続して流れこむ。その大半はメスで、産卵行動時だ。意外にも、標高１０００m以上のエリアでよく見る。コナラやミズナラの比較的若い木に2、３匹のメスが絡むこともある。成虫越冬種だが、当町では無理だろう。オスとの出会いはきわめて少ない。多化性なのでⅡ世は新鮮だ。

ベニヒカゲ　2004年8月25日

高山チョウの一種だが日本国内での分布域は広い。浅間山系にも多産し、場所にこだわらなければ容易に撮影できる。生息域に立ち入ることさえできれば、高性能なカメラも高度なテクニックも求められないだろう。

軽井沢地籍においては浅間山の噴火の危険性にともない、許可なく立ち入れないエリアにドンピシャで重なる。県や町の天然記念物で採集禁止のベニヒカゲ。違法採集抑止のため、パトロール活動に従事していた際、写真に収めた。

汗だくで生息地の斜面を登っていくと、ある標高域を超えたあたりで1匹、また1匹と増えてくる。捕ってはいけないチョウなのに、向こうから寄ってきて、皮膚や衣服から汗を吸う。このところは足が遠のいてしまい、近況はわからないが、現場は国立公園内であり、開発行為とは無縁。突然すみかを奪われる心配がないので、たぶんいままでも安寧《あんねい》に暮らしているだろう。

人の汗を吸いに寄ってきた。オス３匹。'11.8.24

たまたまメス２匹が近接した瞬間。'12.8.28

確実な居場所がまだ特定できない。歴代2匹目の個体。'07.7.9

翅を開くのを待ったが開かなかった。真上からはただの直線。歴代４匹目の出会い。'13.7.9

ダイセンシジミ（ウラミスジシジミ）

2005年7月10日

私自身、採集や目撃の記録は一切なく、この種が軽井沢にいると知ったのは伝聞でだった。実物をひと目拝みたいと切望し、生息濃厚な地区をあたる。この目で確かめてない以上、いるかいないかは半信半疑だ。そのうえ、ここまでほぼコンスタントに撮影済みの種を増やしており、みずからに課した「軽井沢のチョウを全種撮影」という圧が年々重くなっていた。

ほかのゼフでは実績のある小径《こみち》。当初の想定地区から離れていたが、期せずしてダイセンシジミを撮れたのは、片側に雑木林、片側に水田、そんな環境となった。これでひとまず、２００５年の肩の荷は降ろせた。

その後も手を緩めず態勢を維持すると、おぼろげだが広範囲にバラけて存在し、生息地における密度が薄いことが見えてきた。出会えるかどうかは運次第。同じ場所で2度見たためしがなく、2年連続して見たこともない。これが本種のキャラクターを表している。しぶとく粘って探しつづけるしかない。

ゴイシシジミ　２００５年８月29日

ホームページ公開当初は、軽井沢町外で先行撮影した本種を、見切り発車的に掲載していた。そう遠くない将来、町内でも撮れると思っていた。ところが思ったように進捗《しんちょく》しない。あらゆる場所を、季節を問わず、回数もいとわず、探索活動しつづけているのに！　それで見つからないなら限界だ。

ほかのチョウの撮り増しも忘れてはいけないし、何を望んだわけではないが、いつもの林道に車を寄せた。「何かいるな、たいしたチョウじゃないだろう……」否《いな》！　なんといままで調べつくしたそこに、ゴイシシジミが鎮座していた。「アブラムシか！」

キーパーソンを失念していた。このチョウ、幼虫はアブラムシを食べ、成虫はアブラムシの分泌する体液を吸う。親も子も植物質の栄養を摂らない。アブラムシいかんで発生が左右されるのだ。ホームページのたった一文字「町外」を「町内」に打ち換える作業。遠征先で写してから10年目で、やっと軽井沢でも収められた。

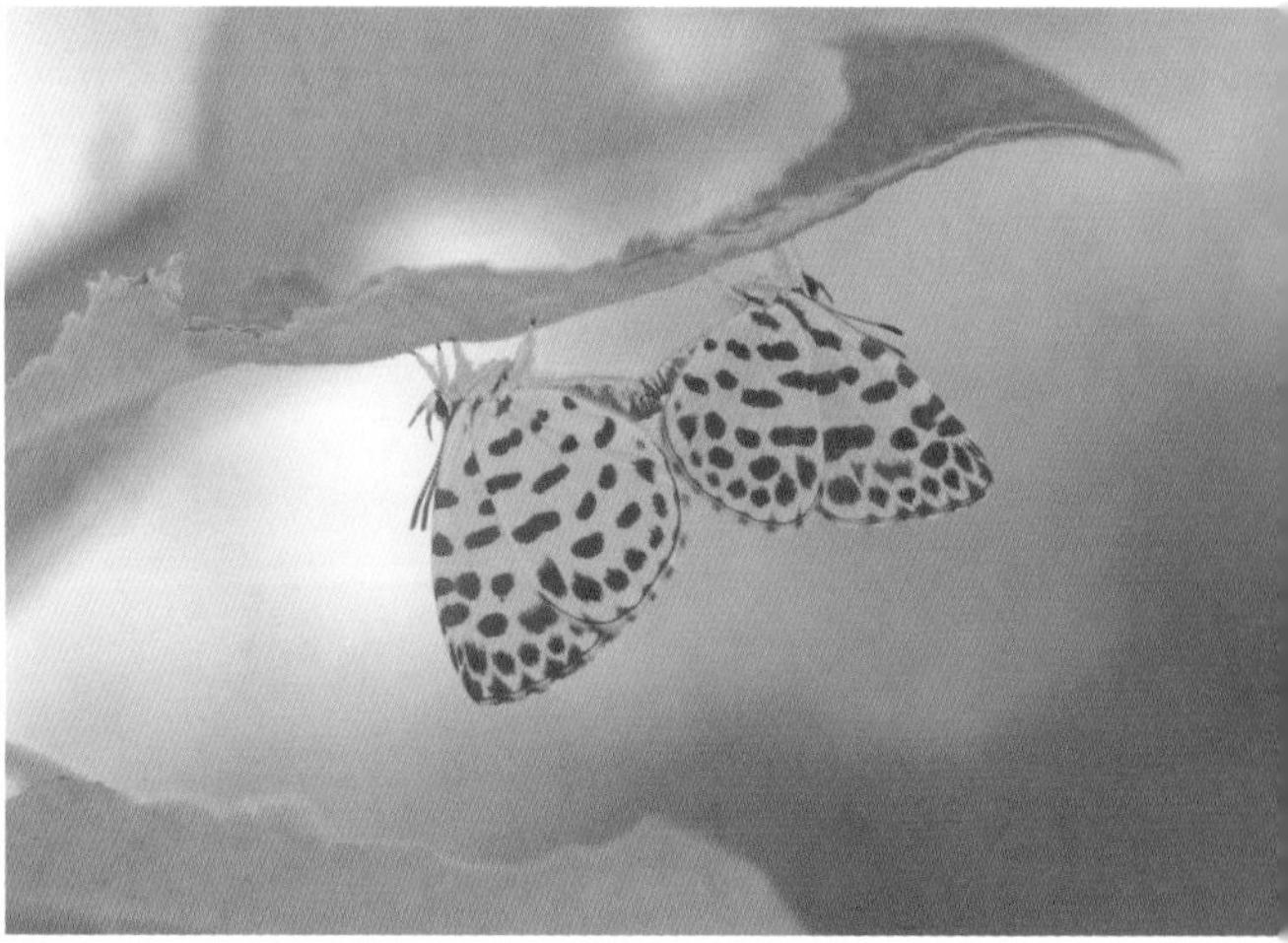

交尾、左がメス。ササ類の葉裏に付くアブラムシが分泌する体液を吸うため、周辺の葉でも裏側に止まっていることが多い。'15.6.14

開翅するオス。大発生するかどうかはアブラムシ次第。10年に１度ぐらいか。'15.6.15

左：国蝶オオムラサキ（左）とナワバリを見張る外来種の本種、ともにオス。食草もエノキ、エゾエノキで競合する。'22.7.25
右：春型オス翅表。多化性の本種は、年１化のオオムラサキより食草の消費が多いだろう。'17.6.9

アカボシゴマダラ　２０１４年８月11日

２００５年から、あらたな種を見つけられない年が続いた。その沈黙の時代を9年ぶりに破ったのは、外来種アカボシゴマダラだった。関東から拡散し、当町に飛来するのも時間の問題ではあった。自分でも意外なほど興奮せず、冷静にシャッターを押す。本種にも午後からの山頂占有の習性がある。そこで私も駆除に乗り出す。本気で捕虫網を手繰《たぐ》るのはおよそ30年ぶりだ。うまく捕れないと私も気が立ってくる。飛び方は格好よく、外来種でなければずっと見ていたい。枝先に止まる寸前の空中ドリフトは見事だ。

解せないのは、近親交配により、遺伝的には劣化していくはずなのに、年々増えていることだ。在来種があぐらをかいている隙に、外来種は見知らぬ土地で懸命に生きのびようと気張っているのか？

ただ、日本固有のアカボシゴマダラの亜種が奄美《あまみ》諸島に存在する。問題の大陸産亜種と交配すると、独自の遺伝情報が失われる。この外来亜種の「ホシゴマ」、意図的に増やすことは法律で禁止されている。

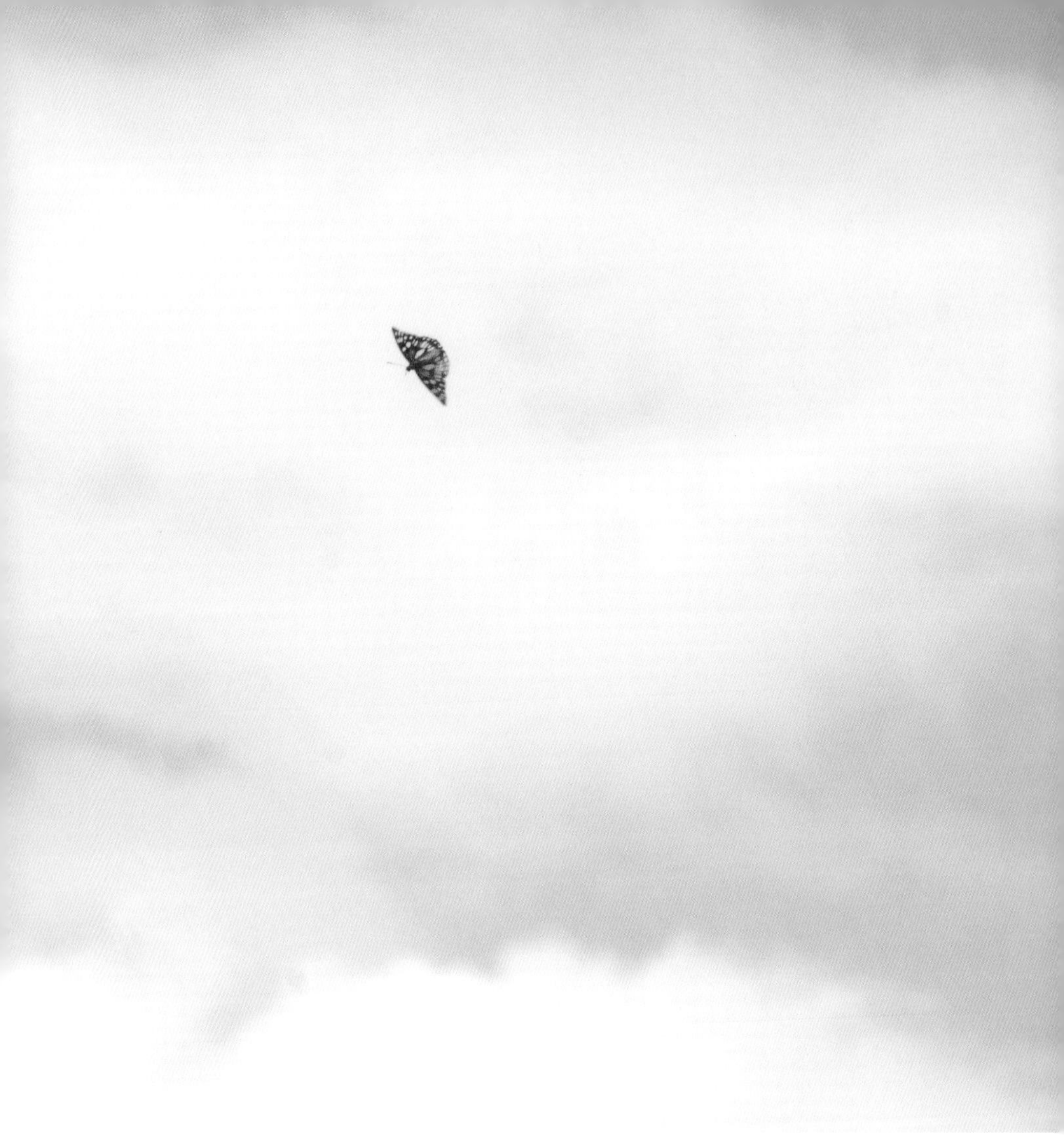

ゴマダラチョウ

2014年8月21日

外来種アカボシゴマダラを先に撮ったおかげで、在来の本種撮影へと導かれた。きっと昔からいたはずなのだが、ホシゴマ参戦によって発見につながった。そこでわかった生態的特徴。なんといってもナワバリの高度が違う。ふつうはあの高さまでは見上げないし、そこを飛ばれてしまうと望遠レンズでもアップで写せない。空間共有する各種アゲハチョウ科、タテハチョウ科などのなかで、もっとも高い位置に陣取る。山頂も山頂、一番高い樹冠。そこから降りて来ず、低空の偵察さえしない。他種は中低木の梢も利用しているのだが、ゴマダラチョウだけ突出して高層階を好む。従って空中戦では同種どうしでしか対戦しない。本来のライバル以外にエネルギーを浪費しないためか？　それに活動時間帯もズレている。午後3時からのせいぜい2時間が、観察や撮影の潮時だ。私の観察例は山頂占有に限られるため、ほかに情報はない。

上：山頂占有は午後３時以降に活発になる。滞空高度が高いだけでなく、低空へ偵察に降りてくることもない。'15.6.10
左下：春型。白色部が発達する。'15.6.15
右下：夏型。黒色部が発達する。'15.8.24

モンキアゲハ　2020年8月25日

はじめて実物を見たのはもう50年も前だ。小学校の昆虫クラブのメンバーが、夏休みに南関東で採集した個体を1匹譲ってくれたのである。尾状突起は2本ともちぎれたオスだったが、巨蝶と呼ぶにふさわしい貫禄。サイズ的には地元のミヤマカラスアゲハ（↓58ページ）夏型メスと遜色ないものの、迫力が違った。

それが平成も中頃、温暖化の影響を裏打ちするように、軽井沢へも現れるようになってきた。樹林内部を低空で飛び、木々の合い間から足元をすり抜ける。特徴的な白斑こそ目立つが、チョウとしての輪郭は木漏れ日にまぎれ、一瞬わからない。「もしやそなたはモンキアゲハ！」気づけば立ち去る後ろ姿だ。

生態写真はもとより、当町で採集された標本もなかったため、前著では「No photo」で解説のみだった。しかしその後、標本と写真が用意できた。

「もっと続けろよ！」またチョウから言われた気がした。さてマクロレンズでの接写はいつになるのやら……。

樹林内の低空、木立ちのスキ間をぬうように飛来する。接写にはまだ遠い。'20.8.29

在来種の未撮影種はもう撮れないと思っていた。約45年ぶりの再会。'22.6.29

ウラナミアカシジミ　2022年6月29日

もともと少なかった本種。撮影においてもすぐには片づくまいと、大きく構えていた。あてもなくウロついた10年は仕方がないとして、本気になってから20年、30年経とうとして一度も接触できないのは、「絶滅してしまったか?」そう思わざるを得ない。

それでも自身に確実な記録はあるし、翅があって飛べる生き物なのだから、意外な場所への迷いこみや、偶然バッタリ、なんてこともあって不思議ではないのに……。と淡い期待も打ち砕かれた頃、間伐された雑木林であの縞模様が目に飛びこんだ!

焦っちゃいけない。でも急げ! とにかくシャッターを押す。この頃はすでにデジカメを常用していたが、マニュアルモードしか使わない。露出は合っているか? ピントはいいか? 緊迫のなか、マクロでの接写は2回のレリーズで被写体ロスト。およそ45年ぶりの再会だ。近隣市町村からまぎれこんだものだろう。

子どもの頃の採集記録と、大人になっての撮影記録、やっと両方を得た。

クロコノマチョウ　２０２３年８月31日

あと何種類撮れば終わるのか？　望みとあきらめの境をどう引くか？　自分で始めた撮影ながら、苦悶する日々を迎えて久しい。時代は令和に入った。これからはもはや分布を北へ広げる南方種しか追撮できないのか？　このクロコノマチョウもそれに該当する。

生息環境として好む場所はつかんでいる。ススキまじりの草々が林縁に沿う、樹林帯外郭の林道。たまたま足元近くにいて、驚いて飛んでくれたら気づける。

「いまの何？　…どこ行った？」「クロコノマかっ！」

近似のウスイロコノマチョウ（↓117ページ）ほど奇異な羽ばたきではないまでも、数ｍ舞ってキュッと着地する。

「これは寄れる！」「まだ寄れる！」

秋型メス。裏面だけは存分に接写できた。軽井沢でのチョウ類観察50年。記念すべき追加種ではあった。過去の自分がもっている採集譚を写真とあわせて紹介できない種が、これであとふたつになった。

足元の草むらに隠れるよう止まる。今後は観察例が増えていくであろう暖地性のチョウだ。'23.8.31

おわりに

チョウを撮る愛好家として基本的にこだわっているのは、種名の同定が正確にできる絵づくりだ。雌雄の区別点や近似種との見分け方、それにともない翅の表裏や、季節型までもキッチリ押さえる。いわば図鑑的な撮り方だ。しかし本書では編集サイドに写真の選定をお任せした。すると専門家が固執しがちな観念から解放され、あらためてチョウそのものの魅力が伝わるカットばかりが並んだ。そもそも生態写真で図鑑を表現した本は前著でやっている。同じことはもういい。

作業のなかでも難儀したのは写真のデータ化だった。アナログ人間の私は長らくフィルムカメラにこだわってきた。ひとたびシャッターを押せば、その瞬間から取り返しはつかない。気に入らなければすぐ消去したり、あとで加工や修正をする、それができない。緊張感に満ちた現場、うまく写せたときの達成感、そして原版の存在。これがたまらなくいい。一方でデータ化する際のハードやソフトが多様で、絵のタッチが均質ではないことが悩ましい。もちろんデジカメのメリットは否定しないが、写真がウソをつく時代になったことも憂《うれ》いている。

カメラを完全にデジタル移行したのは2020年からだ。機材が変わったからといって未撮影種と出会う機会は増えない。いったいなんのために、私は野山を歩きまわるのだろう？　薄々感づいている。絶滅した種を撮ることはもう無理だと。それでも探しつづけているのは、あきらめるためだ。もっと頑張っていれば、もっと続けていれば、撮れたかもしれない。その悔いを残さぬよう全力を尽くすのだ。そのフォーカスは、今後ますますブレないだろう。

残念ながら軽井沢の自然環境は少なくともチョウにとっては悪化しつづけている。心苦しいが当町でのチョウの生息場所を問われてもお答えできない。

さて本書の評価も含め、この探蝶物語にはどんな続きが待っているのだろうか？　次なる50年を経た100周年のとき、あらためて報告したい。その際はまた同じスタッフで仕事ができたらいいなぁ……。

索引

※メインで紹介しているページを太字で示した。

著者略歴

1964年、長野県軽井沢町に生まれる。ネイチャーフォトグラファー。小学4年時、昆虫クラブへの入部をきっかけに、チョウをメインとした観察・採集を始める。1987年、写真の魅力に気づき、撮影派に転向、軽井沢を拠点にチョウを撮り始める。2004年、町立歴史民俗資料館の企画展を機に、以降は町内外で写真展を開催。現在までに軽井沢で撮影できたチョウの累計は119種になる。現在は地元小学校でのクラブ活動へも講師として参加しながら、未撮影種の探索を続けている。2024年はチョウの観察・採集・撮影歴50周年となる。著書に『軽井沢の蝶―― 20000分の1の視点』（ほおずき書籍）がある。

軽《かる》井《い》沢《ざわ》探《たん》蝶《ちょう》物《もの》語《がたり》
50年間《ねんかん》119種《しゅ》の奇《き》跡《せき》

2024年4月6日　第1刷発行

著　　者　栗岩竜雄《くりいわたつを》
発 行 者　古屋信吾
発 行 所　株式会社さくら舎
http://www.sakurasha.com
〒102-0071　東京都千代田区富士見1-2-11
電話（営業）03-5211-6533（編集）03-5211-6480
FAX 03-5211-6481　振替 00190-8-402060
装　　丁　石間 淳
印刷・製本　中央精版印刷株式会社

ISBN978-4-86581-421-7